洛伦茨科普经典系列

所罗门王的指环

所罗门王的指环

[奥] 康拉德·洛伦茨 著
刘志良 译

中信出版集团·北京

目 录

序言 001

前言 007

美丽的多瑙河畔，绿柳成荫，草木繁盛，灰雁和野鸭在湖中嬉戏，黄鹂在枝头歌唱。在这片拥有最原始风光的绿洲上，经历过战争洗礼的各种生物仍然生生不息。当人们面对如此美景时，任何艺术化的表现手法都不足以体现这份真实与感动，把自己看作自然的一部分，与动物们成为亲人、朋友，才能领略自然的美好。

第一章 动物的麻烦 017

宠物鼠喜欢在家中乱跑，凤头鹦鹉整日聒噪，每一个动物饲养者都有自己的烦恼。但是对于思维活跃的高等动物来讲，只有获得完全的自由，才会表现得活泼可爱、妙趣横生。在这种情况下，人们获得了更多了解动物的机会。这是一位严谨科学家的切身体会，他与野生动物之间建立起了真正的友谊。

第二章　快乐从鱼缸开始　029

一个人可以在鱼缸前坐上几个小时，盯着它，就像在盯着熊熊的火焰或是激荡的流水。在这种全然虚无的状态中，一个人会快乐得把各种思考丢到脑后。但就在这悠然自得的时光中，人们也能悟出宏观世界和微观世界最本质的真理。从大自然真实事物中获得的领悟远远胜于书本上的知识。

第三章　鱼缸中的暴行　039

看似平静和谐的鱼缸里隐藏着残忍的杀手：龙虱幼虫贪婪而狡猾，擅长猎杀移动中的物体，在得不到食物的时候甚至会自相残杀，彼此因为对方的毒液而丧命；大蜻蜓幼虫是伏击能手，能够准确地锁定猎物，眨眼间取其性命。

第四章　可怜的鱼　047

求爱中的斗鱼激情如火，用曼妙的舞姿拉开爱情的帷幕；刺鱼间的战斗如同冷兵相交的武将，你来我往，大战数百回合；而珠宝鱼爸爸更会每晚巡视鱼缸，将走散的宝宝含到嘴中护送回家……人们总是盲目地相信谚语而不加验证，可怜如此充满智慧的水中生物却给人冷血无情的印象。

第五章　嘲笑动物　067

当我们看到猴子滑稽的行为时，多数人会忍俊不禁；看到变色龙或食蚁兽，也会嘲笑它们怪异的长相。有经验的观察者不会嘲笑动物身上的怪异之处，因为那是动物在无情地、讽刺地扮演我们；动物自身超出寻常的身体形状，也是神圣的大自然所赐，人们应当对此产生敬畏之情。

第六章　同情动物　081

人们习惯于对动物园中的某些动物深表同情，殊不知这些动物对自己的处境却很满意。狮子可能是猛兽中最懒惰的，动物园偌大的狮圈简直是一种浪费；象征狂野与自由精神的老鹰也是猛禽中最为愚蠢的一种。人们真正需要关心的是那些进化水平较高的动物，它们被困于动物园笼中，运动欲望得不到排解，渐渐退化为白痴。

第七章　选购动物　091

如果你想眼前拥有一片自然的色彩，可以欣赏到美丽的生物，那就买一个鱼缸；如果你想让自己的房间充满生机，那就选一对小鸟；如果你是一个孤独的人，希望得到亲密的接触，那么就选择一只狗来陪伴。饲养宠物让人们能更深刻地理解自然界，唤醒更多的人热爱自然。

第八章　动物的语言　113

动物并没有真正意义上的“语言”。社会性动物经过长时期的进化，形成了一套用特定动作和声音表达情感的符号系统。这种符号系统与人类的语言有着本质的区别：人类的语言能力需要后天学习来获得，而动物在听到或看到同类的信号时，则是以先天的方式进行回应。通过对动物行为的观察，每个人都能与其亲密“对话”。

第九章　训鼩记　131

水鼩看上去和企鹅一样笨拙，但入水之后，它们就完成华丽的转身，成为优雅的典范。它那圆鼓鼓的肚子和背部的曲线构成了完美的平衡，形成了漂亮、对称的流线体造型，再搭配上银色的外套、优雅的动作，真是一幅迷人的画面。如果你有能力置办一个大鱼缸，饲养几只水鼩将给你带来莫大的满足感。

第十章　契约　155

没有什么忠诚能永远恪守，唯一例外就是一只真正忠诚的狗。狗对主人忠贞不渝有两个原因：一方面，每一只野狗都有服从狗群首领的天性。另一方面，在高度驯化的狗身上，其最初对母亲的爱已经转化为对主人的爱。这两种感情的强弱程度，在不同犬种上的体现，就决定了狼性犬和豺性犬的关键区别。

第十一章　长年的住户　171

无论是秋天还是温和的冬日，寒鸦都会唱着春天的歌，绕着尖尖的屋顶飞翔。它们不会舍弃自己的家，长年居住在此，忠实地遵守第一批寒鸦留下的传统，代代相传。寒鸦丰富多彩的一生为动物观察者提供了宝贵的资料，它们不屈的斗争精神也给人们带来更多生活上的启示。

第十二章　道德与武器　225

打斗中的狼不会咬断同伴的脖子，乌鸦也不会去啄同类的眼睛，如果动物在进化的过程中形成了能致同类于死地的武器，那么这种动物为了生存，就必须形成一种相应的社会禁忌，避免这种武器危及种族的生存。而人类创造了身体以外的武器，毫无节制地使用，我们是否也该拥有充分的禁忌？人类会不会有一天因为自己的发明而毁灭？

序 言

康拉德·洛伦茨是当今最杰出的博物学家之一。曾有人称他为现代的法布尔，当然他的研究对象是鸟类和鱼类，而法布尔研究的是昆虫和蜘蛛。不过，洛伦茨的成就更大，因为他不仅像法布尔那样，用别具一格、魅力十足的语言提供了大量新事实和新发现，而且还在动物思维与行为的基础原则和理论方面做出了不小的贡献。

这本书的读者会了解到很多有趣的事情：灰雁的幼雏怎样通过“印记学习”把洛伦茨当作了自己的母亲；寒鸦们（Jackdaw）怎样把他当作领导人和伙伴，却把其他类似于乌鸦的鸟（只要是长翅膀的）作为飞行伙伴，并把洛伦茨家的女仆视为“恋爱对象”；一条斗鱼或狼的某种态度或动作是怎样起到了“释放因子”的作用，促使或禁止同类的其他个体做出战斗反应。通过这些故事，读者了解到的不仅仅是这么多奇怪的现象，还有现象背后最本质的原则。

当然，其他博物学家也进行过类似的研究。我能想到的有：英国的劳埃德·摩根（Lloyd Morgan）、美国的惠特曼（Whitman）、德国的海因洛特（Heinroths），他们的研究都是开创性的；还有纽约已故的研究者金斯利·诺贝尔（Kingsley Noble），他关于蜥蜴行为的研究很出色；任教于牛津大学的荷兰裔学者廷伯根（Tinbergen），他对刺鱼（Stickleback）和银鸥（Herring Gull）“释放因子”的研究很深入；还有西欧和北美的一些鸟类研究者和学生，他们对这些原则进行了大量详细地说明。但不争的事实是：洛伦茨比其他人的贡献都大，他确立这些原则并提出了最根本的观点。而且洛伦茨全身心地投入到了一项自我委派的工作：真正地了解动物。据我所知，没有哪个生物学家或博物学家能像他这样彻底地了解动物。为了做到这一点，他让研究对象在野生状态下完全身由地生存。虽然这样会为这份工作增添一些乐趣，但更多时候洛伦茨面临的是辛勤、尴尬且严酷的工作。

不过，结果表明，洛伦茨的付出和忍受是值得的。而且这么做是必要的，因为多亏了洛伦茨（还有其他动物爱好者和学生）的工作，我们才认识到，只有在完全自由的状态下，动物才会充分地展示它们的本性和行为，充分展示它们的个体多样性。囚笼束缚了动物的思维和身体，严格的实验程序限制了行为的各种可能性；而自由可以释放动物的能力，让观察者能够最全面地研究动物行为。

洛伦茨研究方法的价值，最集中地体现在本书关于寒鸦的那一章——这是迄今为止关于社会有机体生活最具启示性的描述：一些生物特性在这些鸟身上体现出一种奇特的和谐，如：自动反应，高智商，敏感的洞察力；寒鸦的社会行为机制也很有趣，总体而言，这种机制构成了栖息地的法律与秩序，保障了弱小成员的安全（尽管每个具体的行为看起来都没有这些目的）；鸟类沟通方式与人类语言的不同；还有一些行为，如果发生在人类身上，可以被称之为“骑士行为”［但是在非社会性的物种里，却全然没有这种行为，比如斑鸠（Turtle Dove），尽管它以温柔著称，却可能会对落败后无处可逃的对手下最狠的毒招］；某些生物应当被视为敌人这一见解被社会化广泛传播，这也是我认为在其论述中唯一已被社会公认的事实。凡此种种，从洛伦茨口中娓娓道来，让读者再也不会为把鸟类拟人化而内疚，同样也不会再犯“机械形成论”的错误，将鸟儿简化为一种反射系统。

不过，洛伦茨的专长不仅仅限于鸟类研究。他对斗鱼和刺鱼繁殖过程的描述同样精辟、精彩：雄鱼怎样战斗与展示；雌鱼有什么样的反应；雄鱼如何照顾自己的孩子。即使鱼类的行为不如鸟类行为那样复杂，但也大大超出了大多数人的认识。他描述了雄性斗鱼如何解决冲突，对这种特殊现象做出了完美的科学描述；动物是如何下定决心的，要知道动物心智发展很不健全，不太会做决定。

这些重要而且全新的科学描述不仅通俗易懂，而且生动活泼，因为洛伦茨提供了一些非常有趣的细节。比如可怜的洛伦茨被迫一连几个小时跪在地上，或者手脚并用地爬来爬去，或者不时嘎嘎大叫，这样他才能充分地扮演自己的角色：一群小鸭子“印记”中的父亲；比如洛伦茨的助手突然意识到自己讲的是灰雁的语言，而不是鸭子的语言，于是立即改口“不，我想说，呱，咯咯咯咯”；洛伦茨年迈的父亲在户外睡了个午觉，却愤怒地用手提着裤子回到屋里，因为洛伦茨驯养的鹦鹉把他衣服上的所有纽扣都啄掉了，并把它们摆在地上；在拥挤的火车站台，洛伦茨学鹦鹉连续尖叫（去动物园看过鹦鹉的人都知道这种声音），把空中高飞的鹦鹉召唤到身边……不仅如此，还有很多故事，我一想起就会咯咯笑。

不过我不想横在洛伦茨和读者中间。最后我想说的是，我完全同意他的观点：他斥责有些人没有想象力、主观狭隘——这些人把丰富而复杂的事物简化为枯燥的元素，还觉得这么做是“科学的”。高等有机体，比如鸟类的大脑，具有丰富的情感活动，是一个复杂的身心复合体，可是，在这些人看来，鸟类的大脑“真的”只是反射机器，就像是配有特殊感觉器官的放大版电线。我也同意洛伦茨的这种观点：他斥责某些没有批到恩准的人，他们一相情愿地臆测动物具有人类的特征，这些人不仅仅是懒得去理解动物思维和行为与我们人类思维和行为之间有多么大的差别，而且想满足他们潜意识中被压抑的某些冲动，把人类的特征投射给了鸟兽。

洛伦茨所言不虚：事实比任何贫瘠的想象都更出人意料、妙趣横生。其实他还可以说事实也是必要的。不论是物理学与化学的世界，还是地理学和生物学的世界，抑或心理学和行为学的世界，只有我们了解到世界的真相，并直面真相，才能认清自己在世界中的真实地位。只有当我们发现并理解了自然界的真相，我们才能肩负起一项貌似自相矛盾却又必不可少的任务：我们要重新与自然界建立起和谐统一的关系，与此同时，还要维持我们超越于自然之上的状态。洛伦茨等人的工作使我们能够更好地理解人类与自然界最重要组成部分——高等动物的关系。

朱利安·赫胥黎

前言

美丽的多瑙河畔，绿柳成荫，草木繁盛，灰雁和野鸭在湖中嬉戏，黄鹂在枝头歌唱。在这片拥有最原始风光的绿洲上，经历过战争洗礼的各种生物仍然生生不息。当人们面对如此美景时，任何艺术化的表现手法都不足以体现这份真实与感动，把自己看作自然的一部分，与动物们成为亲人、朋友，才能领略自然的美好。

从来没有哪个国王，
能够像所罗门这样，
他可以和蝴蝶说话，
就像两人闲聊家常。

——鲁德亚德·吉卜林（Rudyard Kipling）

《圣经》告诉我们，大卫的儿子，智慧之王所罗门“讲论飞禽走兽，昆虫水族”（《列王记·上》第4章第33节）。这可能是历史记录中最早的生物学讲座，但人们似乎误解了这句话，演绎出了一个动听的传说：所罗门王会讲动物的语言，而其他人都没有这种本领。《圣经》原意是说所罗门讲到了动物，但却被误解，变成了所罗门能够与动物对话。尽管如此，我还是愿意相信后者是真实的。我很愿意相信所罗门真的可以做到这一点，甚至不用借助传说中的那枚魔戒。我这么认为，是有充分理由的。我自己就能做到这一点，而且不用借助任何魔法，不管是黑魔法还是白魔法。我觉得，使用魔戒来与动物打交道并不公平。不用超自然力量的协助，我们就可以从动物伙伴身上获得最美的故事，那就是真实的故事。因为关于自然的事实永远比诗歌，哪怕是伟大诗人的作品中的自然都更美丽。动物是唯一真实存在的魔术师。

我绝对没有开玩笑。如果某种群居动物的“信号代码”可以被称为一门语言，那么懂得语言“词汇”的人就能理解这门动物语言，本书用了整整一章的篇幅来讨论这个问题。当然，即便从最宽泛的角度来讲，低级生物和非群居生物根本就没有类似于语言的东西。道理很简单，它们没有什么要表达的。同样道理，我们也没办法向它们讲话。要想给某些低级生物讲些它们感兴趣的话题，可以说是相当困难。但是，如果我们了解某些高等社会动物的“词汇”，往往有可能与它们形成惊人的亲密关系，实现相互理解。对于动物行为研究者而言，在他们的日常工作中，这是司空见惯的事情，不会带来惊喜。不过我仍然清清楚楚地记得一个很有趣的情景，当时我有如获得哲学上的顿悟，充分意识到这是多么神奇和独特的一件事：人居然能够与野生动物建立起如此紧密的社会关系。

在开始讲述之前，我首先要描述一下本书故事的地理背景环境。在阿尔腾贝格（Altenberg），多瑙河两岸美丽的土地真的是“博物学家的乐园”。每年泛滥的河水，使文明和农业无法在此立足，这里绿柳成荫，草木繁茂，长满芦苇的湿地和沉寂的死水有成百上千公顷。这里是下奥地利州（Lower Austria）中部一个完全处于蛮荒状态的小岛，是拥有最原始自然风光的绿洲。尽管这里经历了一场可怕的战争，马鹿（Red Deer）、狍（Roe Deer）、鹭（Heron）和鸬鹚（Cormorant）仍然生生不息。此地，就如华兹华斯（Wordsworth）[①]诗歌中描绘的湖地：

鸭子在苔草间嬉戏，
鱼儿从水边突然跃起，
苍鹭闻听岸上脚步声响，
伸出长颈直冲九霄云上。

在古老欧洲的心脏地带，很难再找到一块这样的处女地了。这块土地的风景与其地理位置形成了鲜明的对比，而

① 华兹华斯(1770~1850)，英国著名浪漫主义诗人，湖畔派代表。诗风清新自然，代表作有长诗《序曲》，组诗《不朽颂》，抒情诗《孤独的割麦人》等。——译者注

且在博物学家的眼中，当地有几种动植物是从美洲引进的，它们更凸显了这种反差。陆地上遍布着秋麒麟草（Golden Rod），水中则是伊乐藻（Elodea Canadensis）的世界；水塘中常常可见黄金鲈（Sun Perch）和鲶鱼（Catfish）。在岸上，有时还可看见体态笨重的雄鹿，略有些背景知识的人都知道，它们源自弗朗西斯·约瑟夫一世引进到奥地利的几百头北美马鹿。那时，他的打猎生活正值巅峰时期。麝鼠（Muskrat）也多得很，它们是从波西米亚一路下来的，那曾是它们到达欧洲的第一站。它们用尾巴拍打水面，发出串串清亮的警告声，与黄鹂（Oriole）甜美的啼声遥相呼应。

这幅美景中，还有多瑙河母亲，她是密西西比河的妹妹。她水面开阔、蜿蜒曲折，河水很浅。可以通航的河道很窄，并且一直在改变，并不像是一条欧洲的河流。她汪洋恣肆，水色随季节而变换，春天和夏天是浑浊的灰黄色，晚秋和冬天则是清澈的蓝绿色。《蓝色多瑙河》的美名是因其动人的旋律才闻名于世，而那景致其实只有在寒冷的季节才能看到。

现在想象一下，在这片奇异的河畔两侧，还有藤蔓覆盖的青山，他们和莱茵河两岸的山脉是胞兄弟。山顶上耸立着两座中世纪早期的古堡，格雷芬堡和克罗伊岑堡，他俩严肃地注视着大片天然森林和河水。我觉得这里是地球上最美的地方，正如所有人看待自己的家乡一样。

初夏的一个大热天，我和塞茨（我的朋友兼助手）打算为我们的灰雁拍摄纪录影片。于是我们组建了一支奇怪的队伍在美景间缓慢地穿行，这支队伍成员混杂，就像周围变幻多样的风景。打头的是一条大红狗，样子像是阿拉斯加爱斯基摩犬（Alaskan Husky），但实际上是德国牧羊犬（Alsatian）和松狮犬（Chow）的杂交种；后面是两个穿游泳裤的男子，抬着一艘独木舟；再后面是10只半大不小的灰雁，走路时总是保持着灰雁那种高贵气质，尾随其后的是13只吱吱叫的小野鸭，它们排成一条长队，脚步匆忙，一直紧跟着前面的大家伙，生怕走丢了。队伍的最后，是一只奇怪的丑小鸭，它颜色斑驳，地球上就没有长得像它这样的生物，其实它是红色秋沙鸭和埃及雁的杂交种。要是这两个男人身上没穿泳裤，也没有斜挎着那部摄像机，你也许会觉得这是伊甸园中的一个场景。

我们走得很慢，因为弱小的野鸭限制了我们的速度，过了好一阵才到达目的地。那是一处风景如画的水塘，四周是盛开的绣球荚。塞茨选中了这个地方，要在这里为我们关于灰雁的片子拍几个镜头。我们到了之后，就立即开始干活。影片的字幕显示“科学指导：康拉德·洛伦茨博士，摄影师：阿尔弗雷德·塞茨博士”。于是，我立即开始了“指导工作”，主要任务就是躺在水边柔软的草地上晒太阳。绿色的水蛙懒洋洋地呱呱叫，这是它们整个夏天聊以度日的方式；大蜻蜓在空中穿梭盘旋；离我不到3米的一处灌木丛中，黑顶林莺正唱着欢快的歌儿；我能听到稍远处塞茨给摄像机上发条的声音，还听到他抱怨游来游去的小野鸭总是闯入画面，但这时他只想让灰雁出现在镜头中。我头脑中还能意识到我应该起来，给我的朋友帮忙，把小野鸭和丑小鸭引走。但心灵固然愿意，肉体却软弱了，理由和客西马尼（Gethsemane）①的门徒一样：我正昏昏欲睡。

可是突然间，迷迷糊糊的我听到塞茨在生气地叫：“唧唧唧，唧唧唧！哦，不，我想说，呱，咯咯咯咯，呱，咯咯咯咯！”我一下子笑醒了：他本来是想把小野鸭赶走，但却错误地用灰雁的语言和它们对话。

就在这一刻，创作本书的念头第一次出现在我的大脑中。因为没有人能一起分享这个笑话，赛茨正忙着工作呢。我想：把这个笑话讲给身边的人，其实还不如把它分享给每一个人。

---

① 客西马尼是耶路撒冷附近的一个花园，耶稣受难处。此典故出自《圣经》中《马太福音》第26章。一天晚上，耶稣带着三个门徒来到客西马尼做祷告。耶稣把门徒留在园门口，嘱咐他们为自己祷告，也为耶稣祷告。但门徒却睡着了，耶稣见状说“总要儆醒祷告，免得入了迷惑。你们心灵固然愿意，肉体却软弱了。”（《马太福音》第26章第41节）耶稣做了三次祷告后，被犹大带来的人逮捕。——译者注

为什么不这样做呢？比较生态学学者的工作，就是要比别人更透彻地了解动物，他为什么不讲讲动物的私生活呢？毕竟科学家应当用大众可以了解的方式，告诉大家他在做什么，每个科学家都应当视此为己任。

关于动物的书，已经有很多了，内容良莠不齐，有真实的经历，也有虚构的故事。因此，再多一本讲真事的书，应该也不会有什么害处。不过，我并不是说好书就必须是真实的。我在孩提时代读过两本关于动物的书：塞尔玛·拉格洛夫（Selma Lagerlof）的《尼尔斯骑鹅旅行记》和鲁德亚德·吉卜林的《丛林故事》。它们对我的心智成长带来了莫大的好处，但即便用最宽松的标准衡量，它们也算不上是真实的故事。这两本书里面几乎没有关于动物的科学事实。但就像这两本书的作者一样，诗人可以使用诗的破格修辞法（Poetic Licence）[①]来描述动物，让他们笔下的动物与科学事实大相径庭。他们可以大胆地让动物像人一样说话，他们可以给动物的行为赋予人类的动机，但他们仍然能够成功地保留野生动物的总体特征。尽管他们讲的是童话故事，但却表现出了野生动物的真实形象，这是多么令人惊奇的事。人们在读这些书的时候，会这么觉得：如果一只阅历丰富的老

① 诗的破格修辞法是指诗歌创作中，诗人出于抒发感情和诗歌韵律的需要，有意违背常规语法的做法。——译者注

雁或者一头聪明伶俐的黑豹会讲话，它们说的事情，一定与塞尔玛·拉格洛夫笔下的“阿卡”和鲁德亚德·吉卜林笔下的“巴格希拉”一模一样。

与画家或者雕塑家塑造动物的做法类似，在描述动物行为时，充满想象力的作家不必拘泥于严格的事实。但是这三类艺术家都应当视此为其神圣职责，他们都必须要知道自己在哪些地方偏离了事实。在做艺术性的描述时，比做真实的描述时要了解的知识还要多。违背真正的艺术精神、浅薄而可鄙的做法，莫过于假借艺术破格之名，来掩盖其对事实的无知。

我是一名科学家，不是诗人。所以在这本小书里，我并不打算用任何艺术手法来更好地描述自然。这么做只会适得其反，要想写出一本多少有些魅力的书，我唯一的机会就是严格遵守科学事实。因此，写书时我基本遵守了我们这一行的方法，希望亲爱的读者能够通过我的书，对动物朋友身上的无限美妙略有所知。

康拉德·洛伦茨

1950年1月于阿尔腾贝格

第一章

动物的麻烦

宠物鼠喜欢在家中乱跑，凤头鹦鹉整日聒噪，每一个动物饲养者都有自己的烦恼。但是对于思维活跃的高等动物来讲，只有获得完全的自由，才会表现得活泼可爱、妙趣横生。在这种情况下，人们获得了更多了解动物的机会。这是一位严谨科学家的切身体会，他与野生动物之间建立起了真正的友谊。

把一桶桶腌鲱鱼打破了胡闹，
把窝安在男士的礼帽；
甚至用50种升调和降调，
演绎它们的大声尖叫；
淹没女人的声音，
让她们没法聊天说笑。

——罗伯特·白朗宁（Robert Browning）

为什么我要先讲动物给生活带来的麻烦呢？因为从一个人对这些麻烦事的忍耐程度，就能看出他对动物的喜爱程度。我永远感激我的父母，他们总是很有耐心。当我还处于学生时代时，曾一次又一次地把新的宠物带回家，而且新宠物往往比之前的宠物更具破坏力。我父母为此也只能摇摇头，或者无奈地叹口气。此外，这么多年以来，我妻子又忍受了多少不堪呢？哪个男人胆敢向妻子提出请求，求她允许宠物鼠在家里随便跑？老鼠会从床单上咬下整齐的小圆片，用来在礼帽里做窝，难道还有比这更令人尴尬的事吗？

换了别的女人，哪个妻子会容忍凤头鹦鹉（Cockatoo）的所作所为呢？见到花园里晾着洗过的衣服，它们会把衣服上的所有扣子都啄下来。哪个妻子又会允许灰雁在卧室里过夜，早上从窗口飞走呢？（灰雁是野禽，没办法驯养。）一些鸣禽在饱餐了接骨木果（Elderberry）之后，会在所有的家具和窗帘上留下难以清洗的蓝色小斑点，妻子在发现这种情况后，又该说什么好呢？她又能说什么呢？这样的例子太多了，我可以接着再写20页！

难道这些麻烦不可以避免吗？这些麻烦都是绝对必要的吗？有必要，绝对有必要！当然，人们可以把动物养在笼子里，放在客厅当摆设，但是对于思维活跃的高等动物，只有让它们自由活动，你才能真正地了解它们。困在笼中的猴子和鹦鹉，总是闷闷不乐、呆头呆脑，但是它们一旦获得完全的自由，会表现得活泼可爱、妙趣横生。要想得到这样的家庭成员，是要付出代价的——人们必须接受动物造成的破坏和麻烦，这样才能得到一个精神健康的研究对象，供人们观察和实验。我总是要让高等动物处于无拘无束的状态，就是为了达到上述目的。

在阿尔腾贝格，笼子上的铁丝网有着相反的用途：它是为了阻止动物进入屋内和前花园而建的。我在花坛周围围上了铁丝网，严禁动物进入。但是聪明的动物，和小孩子一样，对禁区总有一种莫名其妙的欲望。而且，温柔可爱的灰雁渴望和人相处。所以常常在我们不注意的时候，二三十只灰雁就跑到花坛里啄食。更糟的话，它们会闯入屋内的回廊，并在那里引吭高歌。要想赶走它们，可不是一般的困难，它们四处乱飞，且不惧怕人类。不管你声嘶力竭地呐喊，还是狂乱地挥舞胳膊，都不会起到任何效果。我们唯一有效的秘密武器，是一把巨大的红色花园伞。每当花坛刚种上花，灰雁又跑到里面啄食时，我妻子就会把收起的伞夹在腋下，像骑士冲锋般冲到花坛边。一边高声呼喊着，一边对着灰雁把伞突然撑开，灰雁哪受得了这种惊吓，纷纷夺路而逃。

尽管我妻子努力对灰雁加以管教，但不幸的是，我父亲却让她的努力付诸东流。这位老先生很喜欢灰雁，尤其是雄雁，因为它们英勇无畏，颇具骑士风度。所以他每天都会邀请灰雁到临近玻璃回廊的书房一起喝茶，什么都不能阻止他这么做。我父亲上了岁数，视力已经大不如前，只有在他一脚踩到粪便时，他才注意到客人给他留下的“礼物”。一天

傍晚，我到花园去，惊奇地发现几乎所有的灰雁都不见了。我担心极了，赶快跑到我父亲的书房，你猜我看到了什么？有24只灰雁正站在漂亮的波斯地毯上，簇拥在我父亲身边。而这位老先生呢？他正坐在桌边喝茶，安静地读报，还一片又一片地给灰雁喂面包。身处陌生的环境，这些大鸟一般有些紧张。糟糕的是，它们一旦紧张，肠道运动就不正常了。要知道，和所有需要消化大量草料的动物一样，灰雁的大肠中有一段盲肠，里面的细菌能够分解纤维素，这样动物就能够消化植物纤维了。一般的规律是，肠道每排泄六七次，就有一次是从盲肠中排泄的，盲肠排泄物的味道特别刺鼻，且呈现一种醒目的暗绿色。灰雁紧张时，盲肠排泄就会一次接着一次。从这次灰雁茶会到现在，都已经过去11年多了，地毯上深绿色的污渍也渐渐变成了浅黄色。

就这样，动物们在我家完全自由地生活，也异常熟悉这里。它们总是大摇大摆地朝我们走过来，从来都不会躲避。在别人家里，人们会喊道："鸟从笼子里逃出来了，快，把窗户关上！"但在我们家，人们喊的却是："天哪，把窗户关上，鹦鹉要进来了！"最有讽刺效果的是，我们家大儿子很小的时候，我妻子发明了一项"笼子逆向使用原则"。当时，我们养了些大型动物——几只渡鸦（Raven）、两只大黄冠鹦鹉、两只獴狐猴、两只僧帽猴，它们具有一定的危险性，小孩和它们独自相处不太安全。所以我妻子想了个权宜之计，在花园里放了一个大笼子，关在里面的，居然是婴儿车。

很不幸的是，高等动物搞破坏的能力和欲望与其智力水平成正比。因此，对某些动物，特别是猴子，不可能一直撒手不管。当然对狐猴，大可放心一些，因为它们不像真正的猴子，缺乏研究家庭物品的好奇心。但是真正的猴子，即便是猴类中比较低等的新大陆猴（阔鼻猴），它们对每一样物品都有无尽的好奇心，甚至会亲手体验一下这件东西。从动物心理学家的角度来看，这可能是件挺有趣的事，但对于一个家庭而言，经济上很快就无法承受。我来举例说明一下。

当我还是个学生时，和父母住在维也纳的一处公寓。我在家里养了一只雌性僧帽猴，名字叫格洛丽亚，它住在我书房中一个宽敞的大笼子里。我在家且能够照看它时，就会让它在房间里面自由活动。当我出去的时候，就只好把它锁在笼子里。它一进笼子就百无聊赖，想方设法尽快逃出来。有天晚上，我外出的时间比较长，到家后就先去开灯，但房间仍然一片漆黑。可是格洛丽亚咯咯笑了起来，笑声不是从笼子那边传过来的，而是来自窗帘的方向。毫无疑问，肯定是它干的好事。我去找了一支蜡烛，点上后回到房间，却看到了这样的场景：格洛丽亚把笨重的青铜床头灯从底座上搬了下来，径直拖到了房间另一头（不幸的是，插头还在墙上插着，没有被拽掉），它又把床头灯举到了鱼缸的最高处，并将其当做破城槌，砸开了鱼缸的玻璃盖，床头灯也沉到了水里。电路就这样短路了！下一步，或是早一步，格洛丽亚弄开了我书橱的锁（它能运用如此细小的钥匙真是一项惊人的成就），把施特吕姆佩尔医学教科书的第二卷和第四卷取了出来，拿到鱼缸边上，然后把书撕得粉碎后丢到了鱼缸里。书的封面被丢在地板上，里面一页纸都没了。鱼缸里的海葵很郁闷，触手里都是纸屑……

这些事的有趣之处在于格洛丽亚全神贯注于工作中的每个细节，为此它一定花了不少时间，对于这样的小动物，独自完成这种成就是值得褒奖的，当然，代价也太昂贵了。

有什么好处可以补偿这些无尽的烦恼和损失呢？我们刚才讲过了，不把动物囚禁起来对某些观察有帮助。除了这一点，本来能逃走的动物，却因为留恋我而留下来了，也让我心生某种莫名的喜悦。

有一次我沿着多瑙河散步时，听到了一只渡鸦响亮的叫声，我也叫了一声回应它。这时，处在高空的大鸟收起翅膀冲了下来，速度快得让人窒息，我感到一股气流向我涌来，突然它张开了翅膀减速，落在我肩膀上时，轻若鸿毛。这一刻我觉得它所做的一切坏事都得到了补偿，我养的这只渡鸦不知撕坏了多少书、多少次捣毁鸭窝。这种奇妙的感觉，并不会因为重复经历而消失，哪怕天天都这样，我仍然感觉这事很神奇。奥丁的神鸟（Odin's Bird）[①]对于我，就像别人家的猫狗一样，是一只宠物。我和野生动物之间建立起了真正的友谊，对此我已经习以为常，只有在某些特别的情况下，我才意识到这是多么的独特。

一个春天的早上，雾气缭绕，我漫步在多瑙河边。冬天是枯水期，河流很窄，迁徙的鹊鸭、秋沙鸭、斑头秋沙鸭从狭窄的河面掠过，其中还不时夹杂着一群豆雁或白额雁。在这些候鸟中，有一群灰雁也在展翅飞翔，好像它们都是一伙儿的。在排成人字形的灰雁中，我看出左侧第二只灰雁少了一根初级飞羽[②]。就在此刻，这只灰雁失去羽毛的过程和情景又浮现在我的脑海，历历在目。因为这些都是我的灰雁，即便是在候鸟迁徙的季节，多瑙河边也不会有别的灰雁。人字形左侧第二只灰雁是只雄雁，它刚刚和我养的宠物雁马丁娜结合，因此根据马丁娜的名字它被命名为马丁。（之前它只有一个数字编号，因为只有我亲自养大的灰雁才有名字，被其亲生父母养大的灰雁只有编号。）在灰雁的世界里，年轻的新郎官总是跟在新娘的身后，这可让马丁犯了难。马丁娜总是无所畏惧、自由自在地进出我家的所有房间，根本不会停下来询问新郎有什么意见。

① 北欧神话中，渡鸦是奥丁神的宠物。——译者注

② 初级飞羽是指着生在鸟类腕骨、掌骨和指骨上的飞羽。对鸟类的飞行很重要。——译者注

而对于花园里长大的马丁来说，房间尚是未知的世界，但它也只好跟着马丁娜闯荡了。

灰雁天生喜欢在开阔的乡间生活，即便是钻入灌木丛，都必须鼓起足够的勇气，所以，马丁算得上一位小英雄了：它把脖子挺得笔直，跟着新娘从前门走到大厅，然后上楼到卧室里。在卧室里，它的羽毛因为恐惧而紧紧贴在身上，紧张得浑身颤抖，但仍然骄傲地挺直身板，高声尖叫着向陌生领域发起了挑战。突然，它身后的门“砰”的一声关上了。即便马丁是一只如此勇敢的灰雁，此刻也难以保持淡定了。它张开翅膀，像脱弦的利箭一般直直地冲向屋顶的枝形吊灯。吊灯的挂件破碎了几片，而马丁因此牺牲了一根初级飞羽。

这就是为什么我会知道人字形左侧第二只灰雁少了根羽毛。不过，还有一件更令人欣慰的事：我散完步回家时，刚才还在和野生候鸟一起高飞的这些灰雁，将会站在阳台前的台阶上欢迎我，它们的脖子伸得很长，灰雁的这个动作和狗摇尾巴的含义是一样的。我的视线随着灰雁而移动，看着它们掠过水面，消失在河湾处。在这一瞬间，我感到很惊奇，突然开始质疑熟悉的事物，这就是哲学诞生的时刻。我们都曾有过这样的经历：在我们眼中最普通不过的日常事物，突然有一天感觉不一样了，好像我们是第一次看到它们，这会引发极深的感触。华兹华斯曾在思考欧洲毛茛（Lesser Celandine）时意识到了这一点：

> 三十年多来，你一直在我眼前，
> 高山低谷，都曾见到你的笑脸，
> 但我却不认识你。
> 现在不论我走到哪里，
> 处处都见到你，一天有五十遍。

我看着灰雁，突然意识到这几乎是一个奇迹：一个严谨的科学家居然能够和自由自在的野生动物建立起真正的友谊！想到这一点，我有种莫名的幸福。这让我觉得人类在被上帝从伊甸园逐出后，痛苦稍微减轻了一点。

如今，渡鸦都已经飞走，灰雁也因为战争而走散。在我自由放养的飞鸟中，只有寒鸦留了下来，它们是我在阿尔腾贝格养的第一批鸟。这些长年的家伙还在绕着高高的山墙盘旋，它们尖厉的叫声仍然通过暖气管道传进我的书房，我清楚地理解每一种叫声的含义。每年它们都会用窝把烟囱堵住，偷吃邻居的樱桃，惹邻居生气。

你能否理解，我所忍受的所有这些麻烦和烦恼，换来的补偿不仅仅是科学成果，还有很多很多？

第二章

快乐从鱼缸开始

一个人可以在鱼缸前坐上几个小时，盯着它，就像在盯着熊熊的火焰或是激荡的流水。在这种全然虚无的状态中，一个人会快乐得把各种思考丢到脑后。但就在这悠然自得的时光中，人们也能悟出宏观世界和微观世界最本质的真理。从大自然真实事物中获得的领悟远远胜于书本上的知识。

万物相形以生，

众生互惠而成。

——《浮士德》，歌德（Goethe）

养些小鱼儿是件不花什么钱却很有趣的事：在玻璃缸底部铺上干净的沙子，然后在里面种上几株普通水草。小心地倒进去几升自来水，然后把整个缸放到向阳的窗台上。等水变清澈了，水草也开始生长，就可以放进去几条小鱼了。还有个更好的办法，就是带上一个大罐头瓶和一张小渔网，到附近的池塘去——拿着网兜在池水深处来回捞几次，你就会得到大量数不清的趣味生物了。

对我而言，一张普通的渔网就能让童年的乐趣一直倘伴。这个渔网通常不是铜圈和纱网兜构成的精巧装置，而是按照阿尔腾贝格的传统，自己动手制作的，也就只用花10分钟。网圈是普通电线，网兜是一条长袜、一块窗帘或者一块尿布。就是用这样的一张网，在9岁的时候，我为自己养的鱼捞到了第一批水蚤（Daphnia），也发现了淡水池塘这个奇妙的世界，并立刻沉醉于其中。有了渔网之后，我又得到了一个放大镜，之后是一个普通的小显微镜，我的命运从此注定。一个人，只要他目睹了自然界固有的美丽，就再也无法离开。他要么成为诗人，要么成为博物学家，如果他视力不错，观察能力足够敏锐，他可能同时成为诗人和博物学家。

尽情地用网兜在池塘的水草间寻找吧，即使弄得鞋上都是泥和水也不要紧。因为如果你选到了一个“有货”的地方，一会儿网底就满是玻璃一样透明、不停蠕动的小生物。把渔网翻过来，浸到装满水的罐头瓶中抖一抖。回到家，小心翼翼地把猎物放到鱼缸里，展现在你眼前和放大镜之下的，将是一个充满神秘的小小世界。

鱼缸是一个世界，就像天然的池塘或者湖泊，就像我们居住的地球，动物和植物都生活在一种生态平衡中。动物呼出的二氧化碳被植物吸收，然后植物呼出氧气供动物生存。要是说植物不会像动物那样呼吸，而是相反地，呼氧吸碳，那就大错特错了。植物也是和动物一样吸入氧气，呼出二氧化碳。但是，除此之外，成长中的绿色植物需要吸收二氧化碳来滋养自己的机体。我们甚至可以这么说，除了呼吸之外，植物“吃”二氧化碳。在这个过程中，植物产生出大量氧气，满足了自身呼吸所需的氧气之后，植物就把剩余的氧气排出供人类和动物吸入。最后，死尸被细菌分解后的部分，能够被植物吸收，这样就使死尸重新进入生命的大循环。这个循环包括相互关联的三部分：创造者——绿色植物，消费者——动物，以及分解者——细菌。

在鱼缸有限的空间里，天然的新陈代谢循环很容易被打破，而且会给这个小小的世界带来灾难性后果。很多家里有鱼缸的人，无论是大人还是小孩，往往都难以自制地想往水缸里再多放一条鱼，即使现有的动物已经让绿色水草不堪重负。新来的这条鱼，可能就是压垮骆驼的最后一根稻草。鱼缸里面动物太多就会缺氧。不久就有生物因此死亡，而且很难被发现。在尸体的分解过程中，鱼缸内的细菌大量繁殖，水开始变得浑浊，氧气含量急剧减少，然后更多的动物会死掉，这样的恶性循环，使我们精心照料的小世界在劫难逃，甚至连植物都开始分解。几天前还植物茁壮成长、动物活蹦乱跳，清澈漂亮的池水，一转眼就变成了令人厌恶、发出恶臭的脏水。

养鱼高手们利用人工充气的方式来避免这种危险。可是，这样做就有损养鱼的乐趣，因为鱼缸所体现的饲养乐趣是：除了给动物喂食，清理水缸顶部的玻璃内壁（要小心地保护其余几面玻璃上的水藻，因为它们是宝贵的氧气提供者！），这个小小的水世界是自给自足的，不需要照料。只要鱼缸里维持恰当的平衡，就不需要清理。如果你不在里面养大鱼，特别是那些会把缸底搅弄混浊的大鱼，即便缸底逐渐积攒了一层泥，也不要紧，这些泥的成分是动物的排泄物，以及植物死亡的组织。甚至可以说有些泥更好，因为泥会逐渐扩散到缸底的沙子中，使原本贫瘠的沙土变得肥沃。抛开这层泥土，缸水自身会如水晶般清澈、无味，就像阿尔卑斯山上的湖水。

不论从生物学的角度，还是从装饰的角度讲，春天都是建造鱼缸的最佳时期，并且在里面点缀几棵刚发芽的植物即可。只有在鱼缸里长大的植物，才能适应缸内的特殊环境，茁壮成长。而无论哪种已经长成的植物，移植到鱼缸之后，它们原有的姿色都会大打折扣。

两个邻近的鱼缸，哪怕相距只有几厘米，也会各自保持独特的风格，就像相距几十公里的两个湖泊那样风格迥异。这就是打造一个鱼缸的迷人之处。当你把鱼缸安置好时，你永远不知道它会怎样演变，也不知道最终到达平衡状态时是什么样子。假设你同时建造三个鱼缸，使用同样的无机材料，紧挨着放在同样一个底座上，里面都种上水蕴草（Elodea Canadensis）和狐尾藻（Myriophyllum Verticillatum），第一个缸里，水蕴草可能很快就长成了繁茂的丛林，几乎把狐尾藻消灭掉了；第二个缸里面，情况可能正相反；而在第三个缸里面，两种植物可能会和谐相处，可是不知道怎么回事，还冒出了一株丽藻（Nitella Flexilis），一种观赏性藻类，样子就像枝形吊灯般华丽美观。因此，每个水缸都会呈现出完全不同的景色，它们的生物特性也会完全不同，适合不同种类的动物生存。简言之，尽管初始条件完全一样，每个鱼缸却都有着自己独特的小小世界。

人们在饲养时需要克制一下自己，不要干涉鱼缸的自然发展。主人出于好心的调整，也可能会带来很大的破坏。当然你也可以利用人造底座和精心布置的植物，打造一个“漂亮”的鱼缸。滤网能防止泥土的堆积，人工增氧能够让更多的鱼在鱼缸中存活。这样一来，植物就只是摆设，因为动物能够通过人工增氧得到足够的氧气。怎样打造自己的鱼缸，完全依个人兴趣，但我会把鱼缸当作一个活生生的社会，能够维持自身的平衡。而另一种鱼缸就是一个“笼子”，一个人工清洁的容器，本身无法自足，只是养动物的工具。

决定在鱼缸里面养什么动物和植物，这可是一门真正的艺术，需要掌握很多经验和生物学技巧，需要选出合适的材料做基底，确定水缸的位置、温度和光照条件，还要悉心搭配缸内的植物和动物居民。我那不幸去世的朋友，伯恩哈德·赫尔曼（Bernhard Hellman）是这方面的大师，他能随意仿造任何种类的池塘、湖泊、小溪、河流。他曾有一件杰作，是一个很大的鱼缸，完美地模拟出了阿尔卑斯山上的一个湖：水缸很深，水很凉，离光线不是很近，清澈的水中长有玻璃般透明的淡绿色水草，底部的石头上覆盖着水藓和装饰用的轮藻（Chara）。不用显微镜就能看到的动物，只有一些小鳟鱼和鲦鱼，一些淡水虾和一条小螯虾。动物居民这么少，几乎就不需要喂食，因为仅凭鱼缸里的天然微生物，它们就可以活得自由自在了。

要想养些更娇贵的水生物，关键是在建造鱼缸时，要完整地模拟它们的天然栖息地，包括整个生物体和微生物体群落。即便是最普通的热带鱼，也需要这种条件，不过它们的天然栖息地是不怎么清洁的小水塘，里面的生物群落和普通鱼缸中自然形成的生物群落近似一样。而我们欧洲的水体条件受到了各地不同气候的影响，很难在室内模拟，这就是为什么本地鱼比热带鱼还难养。你现在该理解我之前的建议了吧，当你第一次建造鱼缸时，要用传统的自制渔网到最近的池塘去捞一些水生物。我养过几百缸鱼，各种各样的都有，但最吸引我的，一直是最廉价，也最普通的池塘鱼缸，因为它们是人工条件下能保持的最自然、最完美的生物群落。

一个人可以在鱼缸前坐上几个小时，盯着它，就像在盯着熊熊的火焰或是激荡的流水。在这种全然虚无的状态中，一个人会快乐得把各种思考丢到脑后。但就在这悠然自得的时光中，人们也能悟出宏观世界和微观世界中最本质的真理。如果我把书本中学到的所有知识与大自然这本无字之书中的知识放在天平上对比，显然后者会更胜一筹。

第三章

鱼缸中的暴行

看似平静和谐的鱼缸里隐藏着残忍的杀手：龙虱幼虫贪婪而狡猾，擅长猎杀移动中的物体，在得不到食物的时候甚至会自相残杀，彼此因为对方的毒液而丧命；大蜻蜓幼虫是伏击能手，能够准确地锁定猎物，眨眼间取其性命。

他咧着嘴笑得多么开心，
他伸爪子时多么熟练，
欢迎小鱼光临，
他那笑盈盈的嘴巴！

——《爱丽丝梦游仙境》，刘易斯·卡罗尔（Lewis Carroll）

在池塘的世界里，有不少可怕的“暴徒”，而在鱼缸里，我们也会亲眼目睹动物的种种暴行，这就是残酷的生存斗争。如果你新捞一些水生物放到鱼缸，很快就会看到诸如此类的冲突。因为在新来的动物中，可能有水生甲虫——龙虱的幼虫。如果以捕食者自身体形大小来看，龙虱幼虫在捕食猎物时表现出的贪婪和狡猾，让老虎、狮子、狼、虎鲸等著名杀手都相形见绌。与龙虱幼虫相比，这些杀手也只如绵羊一般。

这是一种体形苗条、线条流畅的昆虫，体长5厘米左右。它有6条腿，两侧布满坚硬的刚毛，形成了宽大的桨叶，使它能够在水中准确、快速地游动。宽大扁平的头上长有一双巨大的钳状颚，这双颚是中空的，不仅是毒液注射器，还是其消化道的入口。它潜伏在水草中间，以闪电般的速度冲向猎物，扎到猎物下方，猛地抬起头，把猎物咬住。对于这些杀手而言，“猎物”就是移动的物体，或者任何有“动物”味道的生物。我有过好几次这样的经历：我正静静地站在池塘中，却被龙虱幼虫“吃”了。一旦被它注入有毒的消化液，即便是人也会感到十分痛苦。

体外消化的动物很少，而龙虱幼虫就是其中之一。它们利用中空的钳形颚，把腺体分泌物注射到猎物体内，这种分泌物会把猎物所有内脏都溶解为液体，然后由消化道入口吸入体内。即便是大型猎物，比如肥大的蝌蚪或蜻蜓幼虫，也挣扎不了几下就全身僵硬。大多数水生生物身体内部呈透明色，当其被龙虱幼虫捕获时，内脏会逐渐变得浑浊，就像被注入甲醛一样。它们的身体先是会肿起来，然后逐渐萎缩成一张软塌塌的皮，挂在杀手的双颚上，最终脱落。鱼缸里空间有限，不消几天，所有长度在6毫米以上的生物，统统都会被吃掉。在得不到食物的情况下，它们将自相残杀。这时，体形大小和强壮程度已不重要，而是看谁先咬到对方。

我经常看到两只个头差不多的龙虱幼虫几乎同时咬住对方，彼此因为体内毒液扩散而同归于尽。很少有动物会为了饱腹而攻击与自己大小差不多的同类。我确信，老鼠和一些啮齿目的动物会这么做。据说狼也存在类似的行为，不过根据我的观察分析，对此深表怀疑。但即便在食物充足的情况下，龙虱幼虫也会吃掉同等大小的同类，据我所知，没有哪种其他动物会这么做。

另一种杀手更优雅一些，没有龙虱幼虫那么残忍，那就是大蜻蜓（Aeschna）的幼虫。成熟的蜻蜓是名副其实的空中之王，虫中之鹰，因为它能够在飞行中捕食。如果你把池塘里捞到的动物都放到水盆里，打算把其中的“暴徒”清理出来，除了龙虱幼虫，你可能会发现还有一种流线型的昆虫特别引人注目，因为它的运动方式很独特。这些苗条的“鱼雷”上有黄、绿色的花纹，把腿紧紧贴在自己身旁，动起来就像出膛的子弹。真奇怪，它们到底是怎么移动的呢？你要是把它们放到一个浅盘里，单独观察，就能发现原来这些幼虫是靠喷水驱动的。它们的腹部末端会喷出一股强劲的水流，驱动它们向前快速移动。它们肠道的末端形成了一个囊，里面布满气管腮，这既是它的呼吸器官，也是它的发动机。

蜻蜓幼虫并不在游动过程中捕食，它对猎物进行伏击：当猎物进入它的视线，就被死死盯住了，它缓慢地调整头部和身体，对准猎物的方向，密切关注猎物的行踪。在无脊椎动物中，这种瞄准猎物的方式并不常见。与龙虱幼虫相反，蜻蜓幼虫可以察觉极缓慢的动作，因此爬行中的蜗牛常常成为它的猎物。蜻蜓幼虫一步一步，缓慢地向猎物靠近。在还有3~5厘米的距离时，受害者就已经在杀手残忍的双颚间挣扎，而这一切只发生在电光火石间。要是不给这个过程拍个慢镜头，你就只能看到有个舌头一样的东西从幼虫头部飞出，瞬间就把猎物卷到自己嘴边。如果你见过变色龙捕食，就会立即想起它黏糊糊的舌头是怎样甩来甩去的。不过蜻蜓幼虫的“回旋镖”不是舌头，而是变形的“下唇”，包括两个可以活动的关节，末端还有一个螯。

仅凭蜻蜓幼虫对猎物的视觉定位能力，就让人觉得它“聪明”得不可思议，如果你还能观察到它的其他特点，就更会佩服它的智商。龙虱幼虫常常会饥不择食，但蜻蜓幼虫不会这样，它不会去招惹个头超过一定尺寸的动物，哪怕自己已经饿了好几周。我曾经把蜻蜓幼虫和鱼放在一个盘里长达几个月之久，但从没见过蜻蜓幼虫会攻击或伤害过个头比自己大的生物。更令人惊奇的是，如果猎物已经被一只蜻蜓幼虫捕获而缓慢地前后拖动，这时，其他蜻蜓幼虫就不会再去争夺；但如果你把一块肉放到玻璃喂食棒的末端，在它们眼前以同样的方式移动，它们就会立即上前把肉吃掉。在我阳台上的鱼缸里，总会有几只蜻蜓幼虫在发育。它们长得很慢，需要一年时间。然后在夏季的某一天，伟大的时刻到来了：幼虫沿着植物的茎秆缓慢地向上爬出水面。就像所有需要蜕皮的动物一样，它会长时间趴在那里，然后背部的外皮突然裂开，一只完美的昆虫缓慢地从壳中爬出。要再过几个小时，翅膀才会完全坚硬，这之前会经历一个奇妙的过程：它释放很大的压力排出一种速凝液进入翅脉细小的脉络中。

当它的翅膀完全舒展开，你就可以敞开窗户，祝福鱼缸中的这位客人一路好运，祝它在昆虫生涯中一帆风顺。

第四章

可怜的鱼

求爱中的斗鱼激情如火，用曼妙的舞姿拉开爱情的帷幕；刺鱼间的战斗如同冷兵相交的武将，你来我往，大战数百回合；而珠宝鱼爸爸更会每晚巡视鱼缸，将走散的宝宝含到嘴中护送回家……人们总是盲目地相信谚语而不加验证，可怜如此充满智慧的水中生物却给人冷血无情的印象。

波浪中草，淤泥中光，

血脉之中，暗火涌动；

无休无止，无声无息，

本能使然，冥冥之中。

——《鱼》，鲁伯特·布鲁克（Rupert Brooke）

真奇怪，人们总是盲目地相信谚语，哪怕谚语是错的。比如狐狸并不比其他野兽更狡猾，而且比狼或狗要蠢得多；鸽子并不爱好和平。关于鱼的谚语，更是胡说八道：它并非人们说的那样“冷血”，也体会不到“如鱼得水”的快乐。事实上，没有哪种动物会像鱼类这样，非常容易得传染病。我把新逮到的鸟、爬虫或哺乳动物带回家，从来不会给其他家养的动物带来传染病。但是每一条新逮到的鱼，按照惯例，都要先放到一个专门的鱼缸，进行隔离检疫，要不然，不用过多久，鱼缸老住户的鳍上就百分之百会出现可怕的小白斑，那是鱼感染多子小瓜虫（Ichthyophthirius Multiliis）病的症状。

鱼也不像人们说的那样“冷血”：我对很多动物都非常了解，熟悉它们最私密生活中的举动，熟悉它们战斗中的激情，熟悉它们恋爱中的狂热。但是据我所知，除了野生金丝雀，没有哪种动物的激情能赛过雄性刺鱼、暹罗斗鱼或慈鲷（Cichlid）。没有哪种动物会像刺鱼或斗鱼那样，会因为爱情而判若两人、激情燃烧。纵然是生花妙笔，也无法描绘出恋爱中的雄性刺鱼：体侧是炽热的红色，身体变得玻璃一样透明；背上是彩虹般的蓝绿色，如霓虹灯一般绚丽夺目；眼睛碧绿，宛如两颗翡翠。按照艺术鉴赏的原则，这种颜色搭配很不协调，但在刺鱼身上，却如交响乐一般美妙，因为这首乐曲出自自然之手。

斗鱼身上并不会一直呈现出这么美丽的颜色。这种灰褐色的小鱼习惯收起自己的鳍，不动声色地待在鱼缸的角落。直到另一条不起眼的鱼游过来，双方互相打量一番，才会逐步展示出自身炫目的光彩。红光很快浸透了它们的身体，就像加热而变色的电炉丝一样。鱼鳍也像扇子一样展开，速度是如此之快，人们似乎都能听到“唰”的一声。然后一段激情四射的热舞即将上演，这不是嬉戏之舞，而是最真诚的舞蹈，是关乎一切的生与死之舞。奇特的是，最初很难搞清楚舞蹈的目的，这首爱的序曲究竟是以交配结束呢，还是会迅速演变为一场血战？原来斗鱼识别同类的性别时，不光要用眼睛打量，还要通过对方在这段仪式化的舞蹈中表现出的，与生俱来的反应来判断。

两条素昧平生的斗鱼见面时首先“炫耀”自己，毫无保留地点亮身上的每一块彩斑、鱼鳍上的每一道彩条。在光彩夺目的雄鱼面前，衣着朴素的雌鱼收起鱼鳍，甘拜下风。这时，如果她不愿意交配，就会立即游走。如果她心仪对方，就会扭扭捏捏地游过去，与雄鱼妄自尊大的态度形成鲜明对比。这时，爱情的仪式拉开帷幕，如果说场面没有雄鱼的战舞那么壮观，但优雅程度足以与其媲美。

当两条雄鱼碰面时，才是一场自我炫耀的真正较量。斗鱼的战舞与爪哇人等印尼民族的仪式性舞蹈之间，存在惊人的相似之处。人与鱼的每个动作，哪怕是最微小的细节，都符合永恒而古老的法则，每个不起眼的动作，都有它深刻的符号意义。人与鱼，有着极为相似的风格，在节制的激情中留有奇特的优雅之美。

这么漂亮精致的动作，一定是经历了漫长的历史发展，这种精美源自一种古代仪式。不过，有一点不易察觉：对于人类而言，这种仪式代代相传，已经有近1 000年的历史；而对于鱼类而言，这是本能活动进化演变的结果，少说也要比人类的仪式古老数百倍。学者对这种仪式的起源进行了研究，并比较了相近物种的类似仪式，结果很说明问题。我们对这些动作进化史的了解，超出对其他本性进化史的了解。

让我们回到正题上来，继续讨论雄性斗鱼的战舞。这种舞蹈就像是荷马史诗中英雄之间的口头征讨，也类似于阿尔卑斯山民间的对骂，即便时至今日，周末的时候，阿尔卑斯山民还经常在村里的酒吧吵架。其目的都是恐吓对手，给自己壮胆。斗鱼的战舞前奏时间很长，具有很强的仪式性，它们还大肆炫耀亮丽的颜色和鱼鳍，在外行看来，这种舞蹈并没有浓烈的火药味儿。因为它们太美了，看上去并没有那么凶恶，人们也不愿意承认它们身上英勇无畏的气概，就像人们不愿承认“妩媚”的印尼武士竟然会猎杀人头。但是斗鱼和印尼武士都视死如归，斗鱼之间的战斗往往以其中一方的死亡而告终。准备好厮杀的斗鱼，从发动第一次进攻开始，不消几分钟，它们的鳍就被撕开了数道伤口，再过几分钟，立即分晓。和所有会打斗的鱼一样，斗鱼的攻击手段是“刺剑”，而非嘴咬。斗鱼会把嘴张到最大，牙齿正对前方，然后用尽全身力气，撞向对手的身体。斗鱼的撞击特别有力，在混战中，如果有条鱼不慎撞上鱼缸的玻璃，你可以清楚地听到“砰”的一声。自我展示的舞蹈可以延续几个小时，但是如果进入了战斗阶段，只需要几分钟，败者就将躺在箱底，奄奄一息。

与暹罗斗鱼相比，欧洲刺鱼间的战斗则完全是另一幅场景。在交配季节，刺鱼不仅见到对手或雌鱼时会浑身变红，只要是在自己的窝附近活动，身体都会保持红色。刺鱼最基本的战斗原则是“我的家就是我的城堡”。如果把刺鱼的窝取走，或者把它从已经有窝的鱼缸取出来，放到另一个鱼缸里，它根本连想都不会去想战斗之类的事情，而是会变成了一条丑陋的小鱼。几百年来，暹罗人一直用斗鱼来进行战斗表演，可人们用刺鱼却做不到。只有在刺鱼搭好了窝之后，它们才能够达到充分的性兴奋。因此，只有在同一个大鱼缸里面养着两条雄性刺鱼，并且它们都已经开始搭窝，才能看到两条刺鱼之间真正的战斗。在任何时候，刺鱼战斗的意愿与其距自己窝的距离成正比。在窝里的时候，它就是狂暴的化身，视死如归，会向最强大的敌人发起冲锋，即便是人把手伸了进来，它也不会害怕。如果它在游动中离开了自己的窝，离得越远，它就越气馁。当两条刺鱼争斗起来，几乎可以准确地预测战斗结果：离自己窝比较远的那条会输。靠近窝边，即便是最弱小的雄鱼，也能打败最强大的对手。从一条鱼独占的领土范围大小，可以判断出它的战斗能力。落败的鱼一般会向自己的窝逃去，而胜利者被胜利冲昏了头脑，会愤怒地追赶，深入对方的领地。胜利者离家越远，勇气消退得越快，而落败者的勇气则会上升。到了自己的窝周围时，落败者重新振作，掉过头来，愤怒地冲向追击者。一场新的战斗开始了。毫无疑问，之前的胜者将被打败，而新的胜者又反过来开始追击。这种相互追击会来回上演几场，就像钟摆一样摇来摇去，直到在某一点达到平衡。两条鱼的战斗能力在某一条线上势均力敌，这就构成了它们领土的边界线。在很多动物中，都存在这条重要原则，特别是在鸟类中。每个爱鸟的人都见过两只雄性红尾鸲（Redstart）以同样的方式来回追逐。

一旦两条刺鱼处在边境线上相遇，双方都不愿发起攻击。它们会采取一种奇特的方式来发出威胁：它们不停地头朝下倒立，一遍又一遍，就像是《爱丽丝梦游仙境》里的威廉老爹。与此同时，它们把身体较宽的一侧朝向对方，还把腹鳍竖起来威胁对手。不过，它们看起来又像是在对着缸底“啄食”。实际上，通常在筑巢时，才会用到这种倒立的动作，对峙时采取这种行为其实是一种仪式化的表现。如果动物的其他冲动抑制了某种本能的反应，它会采取另外一种完全不同的本能行为进行发泄。在这种情况下，刺鱼一般不太敢发起攻击，而是通过筑巢行为来发泄。不论从生理学观点，还是从心理学观点，这类现象都有很高的理论价值，比较行为学（Ethology）称之为“替代行为”。

和斗鱼不同，刺鱼不会浪费时间在战前的威胁上，它们会在战斗之后或战斗的间隙耀武扬威一下，这似乎表明它们并不想血战到底，但从他们战斗的手段看，情况却恰恰相反。你一剑，我一剑，两条鱼的动作如此之快，令观察者眼花缭乱。那根看上去如利器般的巨大腹鳍，事实上却不是刺鱼的主战武器。在关于鱼缸的古文献中，人们总喜欢说刺鱼很善于利用腹鳍将对手穿透，令其死在缸底。显然这些人没有尝试去“刺透”刺鱼，因为即便是一条死掉的刺鱼，用最锋利的解剖刀去切它，没等你刺穿它坚韧的皮肤，它就已经滑掉了，哪怕你切的部位并没有骨质的鳞片保护。把一条死刺鱼放在柔软的平台上，这样肯定要比在水里更稳固，然后尝试用锋利的针去刺穿它。你会惊讶地发现，要用非常大的力气才能刺穿刺鱼坚韧的外皮，所以，刺鱼之间的战斗很少会导致重伤，与斗鱼间的战斗相比，简直是毫发难损。当然，因为鱼缸空间有限，一条强壮的刺鱼可能会把弱小的刺鱼纠缠致死。在类似情形下，兔子或斑鸠的争斗也差不多。

刺鱼和斗鱼在战斗和恋爱时的表现都大不相同，但是作为父母，他们具有很多相似之处。这两种鱼类，都是由雄鱼负责筑巢、照顾孩子，而非雌鱼。只有给未来的孩子做好摇篮之后，将来的父亲才会开始考虑恋爱。接下来共同点消失了，两种鱼出现分化。刺鱼的摇篮是在“地板”下面，而斗鱼的摇篮是在“天花板”上：也就是说前者会在缸底挖出一个浅坑，而后者把窝搭在水面上。窝的材料也不一样，刺鱼使用植物的茎叶和独特、发粘的肾脏分泌物，斗鱼使用空气和唾液。斗鱼及其近亲鱼类用一小堆泡沫构筑空中楼阁，泡沫粘在一起，一部分还会露出水面。泡泡的外层是一种坚韧的唾液，抗压性能很好。一旦开始筑巢，雄鱼就会绽放出最夺目的色彩，而且当雌鱼靠近时，颜色会更深、更亮。雄鱼会闪电般地冲向雌鱼，浑身发光。如果雌鱼准备接受它，棕色的皮肤上就会浮现出独特的浅灰色竖条图案。它会把鳍收起来，游向雄鱼。而雄鱼会激动得发抖，把所有的鳍展到最大，调整姿势，将身体最夺目、最宽阔的一面对准新娘。然后它曼妙地一跃，开始向窝的方向游去。一眼就能看出，雄鱼在用这个姿势召唤雌鱼。雄鱼扭动身体，摇摆尾鳍，不是为了提高速度，而是为了充分展现其美丽的肤色。它用动作告诉雌鱼：“我向前游，快跟上我！”它慢慢悠悠地向前游，频频回头看看跟在后面的雌鱼。雌鱼扭扭捏捏的，很害羞，不肯跟得太紧。

就这样，雌鱼被引诱到泡泡窝下面，开始了精彩的爱情游戏，那优雅感好似在跳舒缓庄重的小步舞，又好像巴厘岛寺庙的祭神舞。按照古老的法则，在这场舞蹈中，雄鱼必须把自己最美丽的侧面展示给雌鱼，而雌鱼必须与雄鱼保持垂直。雌鱼绝对不可以去看雄鱼的侧面，一眼都不行，不然它会立即勃然大怒，变得毫无骑士风度。因为在鱼类以及很多物种里，侧对着对方，是挑衅的表现，会立即令每一个雄性的态度发生180度转变：最炙热的爱情变成了深恶痛绝。到了巢穴附近，雄鱼会一圈又一圈地绕着雌鱼游动，而雌鱼也不停地调整姿势，把头对准雄鱼；就这样，爱之舞越来越紧凑，并一直处在巢穴正下方。雄鱼的颜色越来越亮丽，动作越来越狂野，两者间的圆圈越来越小，直到两个身体相互接触。这时，雄鱼突然把身体紧紧绕在雌鱼身上，轻轻地把雌鱼扳平，随着身体的抖动，两条鱼完成了传宗接代的大事。卵子和精子几乎同时被排出。

雌鱼这时会像变僵了一样持续几秒钟，而雄鱼则立即开始执行一项重要的任务——保护鱼卵。微小、透明的鱼卵要比水重好多，此刻正在缓慢地向水底沉去，雌鱼产卵时，雄鱼头朝下，下沉的鱼卵肯定会从雄鱼的头前经过，引起雄鱼的注意。雄鱼轻轻地放开雌鱼，向下游动，追赶鱼卵，并把鱼卵逐个含到自己嘴里。然后它会向上游，把鱼卵吐到窝里。这时奇迹出现了，鱼卵不会再向下沉，而是浮在那里。为什么鱼卵的密度会突然发生这么神奇的变化呢？这是因为雄鱼把鱼卵含在嘴里的时候，用唾液把每个鱼卵都裹了起来，而唾液具有一定的浮力。雄鱼的动作一定要快，因为透明的小圆珠一旦掉到了泥里，可就不好找了。此外，如果它多耽误一秒钟，雌鱼就会从恍惚中缓过神来，也会追着鱼卵游，并把鱼卵吞到嘴里。从表面上看，雌鱼的行为好像和雄鱼的行为一样在保护鱼卵。但是，你不会看到雌鱼把鱼卵安置到窝里，因为这些鱼卵已经成为它们的腹中餐了。所以，雄鱼很清楚自己为什么要动作麻利些，它也知道为什么在经过10~20次交配后不能再让雌鱼靠近窝边了，因为所有的鱼卵都已经被安全地放在气泡中了。

慈鲷科的鱼美丽而勇敢，它们的家庭生活比斗鱼高级很多。雄性和雌性慈鲷会同时照顾小鱼，而小鱼也会形影不离地跟着父母，就像小鸡跟着母鸡一样。我们发现，在生物不断进化的等级上，慈鲷身上最先体现出了一种美德（在我们人类看来）：即便是在完成繁殖之后，雄性和雌性之间仍然维持着密切的婚姻关系。一对慈鲷不仅在小鱼需要照顾的期间会维持这种关系，之后还会一直保持下去，这是我们所看重的。当父母双方同时照顾幼子时，即便雄性和雌性之间并不一定存在感情，我们也往往称这种关系为“婚姻”。但慈鲷夫妻之间的确存在这种感情。

通过实验可以客观地评估一只动物是否真的认识它的配偶：用另一只同性的动物取代它的配偶，并且这只替代品也要处在生殖周期的同一阶段。假如一对鸟刚开始筑巢，我们把其中的雌鸟替换为已经处于抚养幼雏阶段的雌鸟，它的心理和生理阶段皆与原先不同。即使雄鸟对替身怀有敌意，我们也分不清楚是雄鸟发现自己的妻子被调包了，还是它仅仅因为雌鸟的行为“不对劲”而恼怒。慈鲷是唯一维持“婚姻终身制”的鱼类，我很想搞清楚它们在实验中会有怎样的表现。

要想搞清楚这个问题，首先得有处于完全相同繁殖阶段的两对慈鲷。在1941年，我很幸运地得到一对华丽的慈鲷：细点德州豹（Herichthys Cyanoguttatus），刚好满足这个条件。它们的拉丁语名字，如果逐字翻译出来，意思是“蓝点英雄鱼”，与外形十分贴切。鱼身通体黑色，深蓝色的亮点构成了精致的马赛克图案，当面对最强大的敌人时，一对正在抚养孩子的“蓝点英雄鱼”也会展现其英雄气概，没有辜负它们的名字。我刚刚得到5条慈鲷时，它们身上既没有蓝点，也未显露出英雄气概。我把它们放在一个朝阳的大鱼缸里，经历了几周的集中喂养之后，它们长得很快。有一天，两条最大的鱼当中，有一条身上出现了婚色。它占据了鱼缸左前方的下角，打了一个很深的洞做窝，并开始精心处理一块光滑的大石头。它把上面的海藻和其他沉积物都清理掉，为雌鱼产卵做准备。其他4条鱼则焦虑地缩在一起，待在鱼缸右后方的上角。不过，到了第二天早上，其中有一条比较小的鱼也穿上了“节日盛装”：黑色的胸部，没有蓝点，这显示出它是一条雌鱼。雄鱼直接过来把这条雌鱼带回了家，方式和前文描述的斗鱼类似。

这对夫妻占据了那个角落，勇敢地捍卫自己的窝。对于剩下的3条鱼，这可不是什么好玩的事，因为它们总是被那对夫妻赶来赶去，片刻不得安宁。过了几天，第二大的那条雄鱼也鼓足了勇气，占领了相反的一个角落。现在两条雄鱼各据一方，就像是分别处在两座城堡的骑士。边境线更靠近第二条雄鱼的城堡，我给你解释一下就明白了：单身的那位雄性势单力薄，敌不过齐心协力的夫妻，所以领土面积也就小一些。我们姑且把孤单的雄性称为男二号，他一次又一次离开城堡出征，试图诱拐邻居的妻子。但它一次次无功而返，得到的只有挫败感。每一次它都把自己华丽的体侧展示给雌鱼，可是雌鱼却毫不领情，径直对着男二号毫无防护的体侧撞上去。连续几天，情况都是这样。之后第二条雌鱼穿上了婚衣，它和男二号似乎马上就会有一个幸福的结局，可是并没有出现这样的结局。相反，刚成熟的雌鱼对男二号视而不见，而男二号也完全忽略了女二号的存在。女二号一次又一次地主动和男一号套近乎。每次男一号回家时，女二号都会跟在后面，好像是男一号要带它回家似的。每当男一号从家里出来，又往回游时，它都会“认为”男一号在引诱它一起回家。男一号的妻子对形势的理解很透彻，因为它每次都会愤怒地攻击入侵者，而它丈夫并不会很热心地参与此事。男、女二号都视对方为不存在，它们眼里只有已经过上幸福婚姻生活的异性，可是男、女一号却对它们没有兴趣。

这种情况可能会一直持续下去，不过后来我进行了干预，我把男、女二号放到了另一个同样的鱼缸。离开了各自单相思的对象后，这两条鱼很快就惺惺相惜，结为夫妻。过了几天，这两对鱼几乎同时产卵。这时，我完全实现了自己的愿望：两对相同的慈鲷，处于完全相同的生殖阶段。因为当时这种鱼还比较稀少，我很重视它们的繁殖，所以直到两对夫妻的孩子都长大了，我才开始进行实验，这样即便父母的婚姻彻底破裂了，小鱼也能够独立生活。

这时我调换了雌鱼。结果不是很确切，无法准确地判断雄鱼是否认识自己的配偶。很多人认为，我对实验的解释过于大胆，这的确需要进一步的实验证据。女一号来了之后，男二号立即接受了它。不过，在我看来，它并非不知道雌鱼已经被调换了，男二号“换岗”时的动作，还有和新妻子见面时的动作，都更富激情。而雌鱼立即默认了雄鱼的身份，顺从地开始扮演自己的角色。但这并不能说明什么，因为在这个阶段，雌鱼忙着照顾孩子，对雄鱼没有丝毫兴趣。

在另一个鱼缸里，我把女二号放到了男一号和它的孩子身边，但事态的发展大相径庭。在这边，雌鱼也只关心孩子，它因为环境变化而沮丧，立即游到幼鱼群中，急切地把幼鱼都召唤到自己身旁。这和女一号的行为一模一样。但两条雄鱼的行为形成了鲜明的对比：男二号欣然接受新来的女性，并用友好的仪式欢迎它的到来，而男一号对替换后的雌鱼充满怀疑，小心地守护着自己的孩子，不肯让女二号替它照顾孩子，不一会儿，雄鱼就发起攻击，愤怒地撞了它一下。几片银色的鱼鳞立刻落下，就像舞动的阳光。我不得不马上介入，拯救雌鱼，不然它肯定会被撞死。

这是怎么回事呢？男二号得到了“更漂亮”的雌鱼、它之前孜孜以求的雌鱼，对交换结果很满意，可是男一号的妻子被换成了之前它拒绝的雌鱼，它有理由愤怒，而且它对女二号的攻击比此前它的妻子在场时更激烈。我确信，得到了更漂亮妻子的男二号，肯定也意识到了其间的差异。

对于观察者而言，相比鱼类的性行为，更有趣的是它们抚养后代的方法。只要你看到过鱼爸爸鱼妈妈操劳的样子，肯定不会忘记那些场景：它们不断地把淡水扇向鱼卵或躺在窝中的幼鱼；它们像军人一样严谨地执行换岗仪式；等到小鱼会游泳了，父母带着它们小心地在水中穿行。最动人的场景是晚上，父母要照顾鱼宝宝睡觉。从鱼宝宝会游泳开始，一直到它们好几周大，每天傍晚，父母都会把它们带回窝里。鱼妈妈会待在窝上方，摆动自己的鳍来发出信号，把宝宝们召集到一起。

在所有的慈鲷中，珠宝鱼（Hemichromis Bimaculatus）是数得上的大美人，它们抚养后代的行为最为典型。我想鲁伯特·布鲁克的诗句，描写的就是珠宝鱼吧：

> 玫瑰之心的暗红，
> 无星天空的蓝光，
> 眼眸背后的金黄，
> 黯淡的紫色，朦胧的绿，
> 黑暗与光明之间，无尽的色彩。

珠宝鱼暗红色的背鳍上有闪闪发亮的蓝色斑点。在招呼宝宝睡觉时，珠宝鱼妈妈身上的这些斑点有独特的用途。它快速地上下扇动背鳍，上面的珠宝光芒闪烁。看到信号后，宝宝就会聚到母亲身下，乖乖地钻到窝里休息。与此同时，鱼爸爸会对整个鱼缸进行巡视，寻找走散的宝宝。它不会哄宝宝回家，而是直接把它们吸到自己宽敞的嘴里，回到窝边，再把它们吐出来。鱼宝宝立即就会沉到窝底，躺在那里。这是因为小鱼身上有一种奇妙的条件反射：睡觉时，小慈鲷的气囊会紧紧收缩起来，这样小鱼比水还要沉，就会石头一样躺在窝里，如同他们小时候气囊还没有充气时那样。一旦鱼爸爸把宝宝含到嘴里，宝宝也会出现这种“变重”反应。如果没有这种反射机制，鱼爸爸几乎没办法在傍晚时把宝宝们都带回家。

有一次，一条珠宝鱼在运送孩子回家时，做出了十分惊人的举动，刚巧被我看到。那天已经比较晚了，我才来到实验室。天都黑了，我匆忙地给几条鱼喂食，它们都饿了一天了。其中有一对珠宝鱼夫妇，它们正在照顾孩子。走近鱼缸时，我看到几乎所有的鱼宝宝都已经回到窝里，鱼妈妈在窝上面徘徊。我把切成段的蚯蚓丢进鱼缸，但它不肯离开宝宝过来吃东西。而鱼爸爸正激动地跑前跑后，寻找走散的小鱼，它开了小差，盯上了一段蚯蚓尾巴（不知道为什么，所有吃虫子的动物都喜欢吃尾巴，不喜欢吃头）。鱼爸爸游了上来，咬住了这截蚯蚓尾巴，但是因为这段蚯蚓太大了，他吞不下去。正在它满嘴大嚼的时候，看到一个鱼宝宝从旁边游过；它马上冲过去，把宝宝含到满是食物的嘴里。这真是个非常刺激的时刻。鱼爸爸嘴里有两种不同的东西，一种要到胃里去，而另外一种要到窝里去。它该怎么办呢？坦率地讲，当时我并不担心小珠宝鱼的生命。但后来发生的事情真的很奇妙！鱼爸爸嘴里鼓囊囊的，待在那里不动弹，也不咀嚼。这可是我头一次看到鱼在思考问题！这是多么不平凡的一件事，一条鱼处于进退两难的境地，但却采取了和人类一样的行为：也就是说，它停了下来，没办法动弹，不能往前走也不能往后退。一连好几秒，鱼爸爸待在那里一动不动，旁边的人几乎可以体会到它的心理活动。鱼爸爸最后解决问题的方案很好，让人不得不赞叹。它把嘴里的东西全部吐了出来：蚯蚓段往水底沉，而鱼宝宝因为“变重”反应，也往下沉。之后鱼爸爸坚决地转向蚯蚓段，一边饱餐一顿，一边用心关注着乖乖躺在缸底的鱼宝宝。饱餐之后，又把宝宝含到嘴里，带回了家。

有几个学生也目睹了这一场景，他们都同时鼓起掌来。

第五章

嘲笑动物

当我们看到猴子滑稽的行为时，多数人会忍俊不禁；看到变色龙或食蚁兽，也会嘲笑它们怪异的长相。有经验的观察者不会嘲笑动物身上的怪异之处，因为那是动物在无情地、讽刺地扮演我们；动物自身超出寻常的身体形状，也是神圣的大自然所赐，人们应当对此产生敬畏之情。

我很少嘲笑动物，如果我嘲笑了动物，事后通常会发现，我嘲笑的其实是我自己，是人类，因为那是动物在多少有些无情地、讽刺地扮演我们。我们站在猴山旁，会笑得很开心，但我们看到蝴蝶或蜗牛时，并不会笑；看到健壮的雄雁跑着求爱，人们会忍俊不禁，这是因为人类在青春期也会做出类似的行为。

有经验的观察者不会嘲笑动物身上的怪异之处。经常让我生气的是，有些人在逛动物园或水族馆时，看到动物超出寻常的身体形状时会嘲笑它们，其实这是长期进化适应的结果。他们所嘲笑的，在我看来却是十分神圣的：生命起源之谜、创造与造物主之谜。变色龙、河豚或食蚁兽的怪异模样，在我心中引发的不是好笑，而是一种敬畏之情。

当然，我也曾嘲笑过出乎意料的怪事，当然这和普通人嘲笑动物的举动一样愚蠢。我曾养过弹涂鱼（Periophthalmus），这是一种奇怪的两栖鱼。我刚得到弹涂鱼时，看到有一条鱼从盆里往外跳，刚好跳到了盆沿上，抬起头看我，它的脸好像哈巴狗，它就趴在那里，用犀利的泡泡眼紧盯着我，我开心地笑了起来。你能想象这样的情景吗？一条鱼，一条真正的鱼，先是像金丝雀那样站在那里，然后把头转向你，就像是某种陆生的高等动物，怎么看都不像一条鱼，居然还用两只眼睛同时盯着你。双眼盯着东西看，是被人们视作智慧象征的猫头鹰的典型动作，因为即便是鸟类，也很少有这种行为。当然，弹涂鱼之所以可笑，不是因为它长得奇怪，而是因为它的样子和人类有几分神似。

在研究高等动物的行为时，经常发生有趣的事情，但滑稽角色的扮演者通常不是动物，而是观察者。在研究智力水平较高的鸟类和哺乳动物时，比较行为学家往往要完全放弃科学家应有的尊严。学者在进行行为学研究时，其工作方式肯定会被外行人视作疯狂，这不能怪外行人。因为我并未给村里带来任何危害，所以也避免了被送到精神病院的结局。不过，为了维护阿尔腾贝格村民的名誉，我还得讲几个小故事。

有一阵，我在用小野鸭做试验，想要搞清楚一个问题：为什么人工孵化出来的小野鸭很胆小怕人，而人工孵化的小灰雁就不怕人。小灰雁会把出生后看到的第一个生物视作母亲，信任它，一直跟着它。可是小野鸭却不这样。如果我把刚孵出来的小野鸭从孵卵器取出来，它们会无一例外地从我身边跑走，紧紧缩在最近的角落。为什么呢？我记得自己曾用美洲家鸭孵化过一窝野鸭蛋，后来小野鸭也不接受这位继母。它们的羽毛刚刚干燥，就从继母身边跑开，我费了不少气力，才把这些又哭又闹的孩子全逮住。不过，我还用一只又白又肥的家鸭孵出过一窝小野鸭，这些小玩意就非常开心地跟在继母后面，好像跟着亲生母亲一样。肯定是它的叫声中有什么奥妙，因为从外表上看，家鸭和美洲家鸭的长相都与野鸭相差很大，而家鸭和野鸭（当然，家鸭由野鸭驯化而来）的共同点是叫声一样。在驯化的过程中，尽管家鸭的羽毛颜色和体形发生了很大的变化，但它的声音几乎未变。结论很清楚：我必须像野鸭妈妈那样呱呱叫，才能让小鸭子跟着我跑。

说到做到。那天是圣灵降临节（复活节后第50天），刚好有一窝野鸭蛋该孵化了，我把蛋放在孵卵器里，等到幼雏的毛干了，就开始亲自照顾它们，我极力模仿野鸭妈妈呼唤幼雏的声音，对着它们呱呱叫。这样连续叫了半天，我的叫声奏效了。小野鸭满怀信任地盯着我，这次显然不怕我了，这时我一边呱呱叫，一边缓慢地走开，它们也乖乖地动身，挤作一团，小跑着跟在我后面，就像小鸭跟着妈妈那样。毫无疑问，我的理论得到了证实。新孵出的小鸭子会对妈妈的鸣叫声做出本能的反应，但并不在乎妈妈的样子。只要是能发出正确叫声的动物，都会被小鸭子视作妈妈，不论是肥大的白色北京鸭，还是肥胖的男人。但是替身的身高不能超过某个高度。在实验初期，为了让小鸭子跟着我，我蹲在草丛中，慢慢地向前挪。可是，只要我站了起来，再怎么叫，它们都不肯再跟着我走，它们四处打量，寻寻觅觅，但是不会抬起头来看我，不一会儿，它们就开始“哭”起来，就是走散的小鸭子都会发出的那种尖厉的叫声。继母竟然变得如此高大，它们无法适应。所以，要想让他们跟着我，我就得蹲在地上缓慢前行。这种姿势很不舒服，更让人难受的是，野鸭妈妈总是不停地呱呱叫。只要我那悦耳的“呱，咯咯咯咯，呱，咯咯咯咯”声停下来了，不用半分钟，小鸭子就会把脖子伸得越来越长，这就像人类的小孩把脸拉下来一样。这时如果我不立即开始呱呱叫，尖厉的哭声就会响起。只要我默不作声，它们似乎就会觉得我死了，或者是我不再爱它们了：这可是要痛哭一场的事！和小灰雁不同，小鸭子最难照顾了，劳心费神，你想想，和这些小家伙散步两个小时，一直都蹲着，而且还要不停地呱呱叫！为了科学，我只能连着数小时忍受这种磨难。

就是在那个圣灵降临节，我带着一群小鸭子在花园里散步，我蹲在绿油油的草坪上，一边呱呱叫，一边走动。小鸭子乖乖地跟在我后面，正当我洋洋自得时，抬头突然发现花园的栅栏边围着一排人，他们脸色煞白：这是一群游客，他们正盯着我看，一幅害怕的样子。原谅他们吧！因为他们看到一个长着胡子的大男人，蹲在草坪上，一边走着8字形路线，还不停地扭头往后看，一边呱呱叫。然而最能说明问题的小鸭子，却被春天的长草遮住了，那群惊讶的观众根本看不到它们。

我会在后面的章节中提到，只要是捉过寒鸦的人，都会被寒鸦一直记住，而且会引其发出警报，遭到围攻。所以，要给我养的小寒鸦套上一个环，那是相当困难的。当我把小寒鸦从鸟窝里取出来套铝环时，成年的寒鸦就会发现我，它们立即放开嗓门，齐声“嘎嘎”大叫。我可不想因为套环这件事，使寒鸦记住我，一辈子都不肯靠近我，那样可就没办法搞研究了，我该怎么办呢？答案很简单：化装。怎么个化装法？也很简单，答案就在我家阁楼的一个箱子里，很适合化装用，它通常只在每年的12月6日才用得上，以庆祝奥地利古老的节日——圣尼古拉斯与魔鬼的节日。那是一件毛茸茸的黑色魔鬼服，会把整个头都罩上，还有犄角和舌头，身后有一条长长的魔鬼尾巴。

如果在六月一个美好的日子，你突然撞见如下情形，你会如何反应：一阵杂乱的嘎嘎声从高高的屋顶传来，一抬头，你看到一个长着犄角、尾巴和爪子的魔鬼，还吐着舌头散热，从一个烟囱爬到另一个烟囱边，周围有一大群黑鸟，那叫声简直要把你的耳膜刺穿。这让人惊慌的场景也许把你搞糊涂了。其实魔鬼正拿着钳子往小寒鸦的腿上套铝环，套好了之后，他又小心地把小鸟放到窝里。当我给所有小鸟都套过环后，低头一看，头一次发现村里的街上有这么多人。他们都在仰着头向上看，表情和花园栏杆旁的游客一样，脸上写满了惊恐。如果我此时亮明身份来解释，可就被寒鸦们认出来了，于是我就友好地摇了摇自己的魔鬼尾巴，消失在阁楼的暗门之后。

还有一次，我也险些被人当作疯子送到精神病院。那次是因为我养的大黄冠鹦鹉“科卡”。那一年，刚过完复活节没几天，我花了大价钱买下了这只漂亮温顺的鹦鹉。之前它精神上受到了伤害，一直被囚禁。到我家之后，过了好几周，这个可怜的家伙才缓过劲儿来。最初它不敢相信自己脱离了脚链的束缚，可以自由飞翔。这只骄傲的鹦鹉站在树枝上，一直在准备飞翔，却不敢起飞。这场景真让人唏嘘不已。后来它终于战胜了内心的障碍，变得活泼健康，并且对我恋恋不舍。晚上我们会把它关在一个房间里，白天只要一放它出来，它就会飞着到处找我，并且表现出惊人的智慧。没过多久，它就熟悉了我活动的范围：它会先飞到我的卧室窗口，如果我不在，就会飞到养鸭子的池塘，总之它会寻访我早上在研究站会巡视动物的各个地方，这种坚持不懈的找寻可能给它带来危险，因为如果它找不到我，就会不断地扩大搜索范围，好几次它就这样迷路了。因此，只要我出门，都会严格要求我的助手，不得将它放出来。

六月的一个周六，我从维也纳回来，刚刚在阿尔腾贝格站下火车，旁边是一群来游泳的人，天气晴朗的周末，会有很多人来我们村游泳。沿着大街没走几步，身边的人群还没有散开，我看到头顶高空中，有只鸟在飞，最初我还看不清楚这是只什么鸟。它缓慢而有节奏地拍打着翅膀，有时还会滑翔一段时间才拍打翅膀。它看起来很沉，应该不是秃鹰（Buzzard）；个头又不够大，应该也不是鹳，鹳的脖子和爪子即使在高空中也十分明显。它突然盘旋了一圈，有那么一刻，夕阳刚好照在它宽大翅膀的下方，反射出一片光芒，好似蓝色夜空上闪耀的群星。鸟是白色的。天哪，它是我的科卡！它的翅膀飞得那么稳，说明它打算做长途飞行。我该怎么办呢？我是不是应该召唤一下它？你可曾听过大黄冠鹦鹉的叫声？没有？那你估计听过传统方法杀猪时的惨叫声，想象一下，猪正在用最大的嗓门尖叫，再用扩音器把声音放大好多倍就是了。人只要把声音放到最大，“嗷啊”大叫，就能模仿得挺像，但声音稍微弱一些。我已经证实过，这只鹦鹉能够理解我的叫声，听到会立即过来。不过它飞得这么高，还能听到吗？鸟类通常都不愿意直着往下飞。叫，还是不叫，这是个问题。如果我叫了，科卡也下来了，万事大吉。但是，如果它继续淡定地在白云间飞翔，我该怎么向身边的人解释我的“歌声”呢？最后我还是叫了。周围的人都站在那里，呆若木鸡。科卡张着翅膀，犹豫了一下，然后收起翅膀，一头扎下来，落在我伸开的胳膊上。我再次镇住了全场。

还有一次，这只调皮的鹦鹉吓了我一大跳。我父亲那时已经年迈，喜欢在房子西南边的阳台脚下睡午觉。出于健康考虑，我不想让他晒正午的太阳，可是谁都没法让他改掉老习惯。有一天，在午睡时间，我听到他在阳台脚下破口大骂，于是立即跑过去，只见老先生蹒跚而来，弓着腰，两手紧紧抓住腰部。“天哪，你生病了吗？”我急忙问道。

“没有，”他生气地说，“我没病，那个讨厌的家伙，居然趁我睡觉，把我裤子上所有的扣子都啄掉了。”原来如此。

我家的鹦鹉极富创造力，有些淘气之举堪比猴子或儿童。它十分喜爱我母亲。母亲夏天有个习惯，她会待在花园里，不停地织东西。鹦鹉似乎很清楚线团是怎么绕起来的，也知道毛线有什么用途。它总是用嘴叼起毛线团的线头，然后起劲儿地往天上飞，把线团都散开。它酷似一根长线牵着的风筝，飞到空中，然后开始围着我家房前高大的欧椴树转圈。有一次，没人在现场阻止它，它居然用颜色鲜艳的毛线把整个树冠缠了起来，一直到树顶，毛线和繁茂的树叶缠在一起，根本没办法解开。我家的客人看到这棵树，会站在那里，惊讶得说不出话。他们无法理解我家为什么要这样打扮这棵树，也不明白这种装饰是怎样实现的。

这只鹦鹉很喜欢讨我母亲欢心，它的方式极富魅力：它在母亲身边跳舞，做出各种古怪的姿势，把漂亮的冠毛打开，一会儿又合上，母亲走到哪里，它就跟到哪里。如果没找到我母亲，它就会坚持不懈地找下去，就像它原来努力地找我那样。我母亲有四个姐妹。有一次，姨妈们和几个熟悉的老太太到我家做客，在走廊上喝茶。她们坐在一个大圆桌旁，每人面前有一盘自家种的草莓，桌子中间是一个大浅盘，里面放着很细的糖粉。不知是有意还是无意地，科卡从门外飞过，看到我母亲正在那里主持茶会。紧接着，它做出了一个惊险的俯冲动作，要从门口飞进来，尽管门比较宽，但是它的翅膀张开了更宽。它想落在我母亲面前的桌子上，母亲织东西的时候，它总是蹲在那里陪我母亲；但这次有些麻烦，圆桌上已没有它的落脚之处，而且周围还有一圈陌生的面孔。科卡分析了一下局势，像直升机一样在桌子上方盘旋了一会儿，然后又重新起飞，一转眼就消失了。这时盘子里的糖粉都不见了，全部被翅膀扇起的风吹散了。再看看桌边坐着的七位老太太，个个脸上都是糖粉，脸色像麻风病人一样雪白，她们紧闭着双眼的样子，真是“美”极了！

第六章

同情动物

人们习惯于对动物园中的某些动物深表同情，殊不知这些动物对自己的处境却很满意。狮子可能是猛兽中最懒惰的，动物园偌大的狮圈简直是一种浪费；象征狂野与自由精神的老鹰也是猛禽中最为愚蠢的一种。人们真正需要关心的是那些进化水平较高的动物，它们被困于动物园笼中，运动欲望得不到排解，渐渐退化为白痴。

共同患难方知相互同情。

——柯勒律治（Colerige）

如果你留意一下人们逛动物园时说的话，往往会发现一个奇怪的现象：人们习惯于对某些动物深表同情，殊不知这些动物对自己的处境很满意。每个动物园里都有一些动物在遭受难耐的痛苦，却无人注意。最容易引起人们同情的动物，是文学中的重要角色，比如夜莺、狮子或鹰，人们总是把自己的感情寄托在这些动物身上。

对于爱唱歌的夜莺，人们的误解很深：在文学中，夜莺总是被描述成雌性；在德语中，“夜莺”这个单词本身也是阴性的。但实际上：只有雄性的夜莺会唱歌，目的是警告其他雄鸟不要进入它的领地，同时还邀请路过的雌鸟来和它相会。

假如丁尼生（Tennyson）[①]把吉尼维尔（Guinevere）[②]描述成一个大胡子，研究文学的人会忍俊不禁。同样，真正熟悉鸟类的人都知道，唱歌的夜莺是雄性的，这是显而易见的事实，如果把歌声赋予雌鸟，那就滑稽可笑了。因此，我一直没法欣赏奥斯卡·王尔德（Oscar Wilde）关于夜莺的美丽童话。在他的笔下，夜莺“在月光下用音乐”制成了红玫瑰，并用“她自己的心血将花染红”。我必须坦诚地讲，当我读到最后，看到玫瑰刺扎进了夜莺的心脏，这个泼妇停止了她发情的歌声时，我真的如释重负。

稍后，我还要讲到笼中鸟所谓的“痛苦”。当然，如果把一只雄性夜莺单独关起来，它可能会感到某种失望，因为不论它的情歌唱多久，都没有雌鸟露面。不过在自然环境中，由于雄鸟数量过剩，这种情况也不少见。

文学作品中，另一种经常被误解的动物是狮子，它的栖息地和性格都被篡改了。英国人称之为“丛林之王”——把它放到了一个过于潮湿的环境；而德国人做什么都很彻底，

① 阿尔弗雷德·丁尼生（1809~1892），著名英国诗人，代表作品为组诗《悼念》。——译者注

② 吉尼维尔，传说中亚瑟王的妻子。——译者注

走到了另一个极端，把狮子放到了沙漠中，称之为“沙漠之王”（Wüstenkönig）。事实上，狮子更喜欢“中庸之道”，它住在大草原上。狮子总是威武地抬着头，并因此被称为“王”，背后的原因很简单，它总是在开阔的原野上猎杀大型动物，习惯于观察远处，对眼前的东西都不太在意。

和其他同等智力发展水平的食肉动物相比，被囚禁的狮子并不是特别痛苦，因为它并不是十分热爱运动。说白了，狮子可能是猛兽中最懒的：它懒洋洋的样子真让人羡慕。在自然条件下，狮子活动范围很广，但显然是迫于饥饿的压力，而不是因为它内心渴望活动。因此，被囚禁的狮子不会在笼子中不停地走来走去，但狼或者狐狸会在笼子中不停地走上几个小时。如果狮子突然有了运动的欲望，也会偶尔在笼子里走几遭，但它走路的样子更像是饭后散步。形成鲜明对比的是，为了发泄长途奔跑的欲望，被困的犬科动物走动速度很快，甚至有些疯狂。在柏林动物园，狮圈面积很大，里面铺上了砂石，还有陡峭的黄色假山，但这个昂贵的场地几乎没有什么用，因为狮子总是懒洋洋地躺在这个浪漫的环境中。如果造个大模型，在里面放上毛绒狮子玩具，效果也差不多。

再来讲讲老鹰，人们对威风凛凛的老鹰怀有种种幻想。我并不愿粉碎人们的幻想，但我必须恪守真理：与雀形目的鸟或者鹦鹉相比，所有的猛禽都特别蠢。这个结论特别适用于金雕（Golden Eagle），它是山上常见的鹰，也是诗人的最爱，却是鹰类中特别蠢的一种，甚至比家禽还要蠢很多。当然，这丝毫无损于金雕体态优美、威武雄壮的高傲形象，也并不妨碍它成为狂野精神的象征。但在这里，我们要讨论的是鹰的心理品质，所谓的它对自由的热爱，以及人们想象中的笼中鹰的痛苦。

我只养过一只鹰，它带给我的只有失望。我当时看到流动马戏团里有一只御雕（Imperial Eagle），样子很可怜，就买了下来。这是一只雌鸟，羽毛的颜色很深，表明它已成年。它已经完全被驯服，会和主人打招呼，后来也对我打招呼，而且打招呼的姿势很有趣：它把头倒过来，把令人生畏的弯喙竖起来。她的叫声也非常温柔，就像斑鸠的叫声，不过和斑鸠相比，它简直是只绵羊（相关内容见第十二章）。我当初之所以买下它，是想训练它来打猎，就像很多亚洲民族那样。放鹰打猎是项贵族运动，我并不奢望能在这项运动上取得什么成就，我只有一个小小的愿望：如果我用家兔做诱饵，它会去捕食，这样我就能观察大型猛禽捕猎的行为。这项计划失败了，因为我的鹰即便饿了，也不愿动兔子一根毫毛。

尽管它身体健壮，羽毛也很丰满，却一点儿都不愿意飞翔。渡鸦、凤头鹦鹉和秃鹰热衷于飞行，它们在空中嬉戏，展示自己的能力，尽享飞翔的快乐。但我的鹰不会这样。只有我家花园上空有上升气流时，它才会飞，因为乘着气流，它不费什么力气就能展翅翱翔。不过，即便在这个时候，它也不会飞很高。而且它想要回到地面时，总是找不到家。它会毫无方向地胡乱转圈，最后落在街坊邻居家。它会闷闷不乐地蹲在那里傻等，直到我来找它。也许它也能自己找到回家的路，不过因为它太显眼了，总会有人给我打电话，告诉我有只老鹰蹲在某家的屋顶上，一群小孩子正拿石子砸它呢。然后我就不得不步行过去，因为这个笨蛋特别害怕自行车。就这样，我一次又一次把鹰架在胳膊上，吃力地走回家。最后，因为我不想一直用链子拴着它，就把它送到了申布鲁恩动物园。

现在，条件较好的动物园都有大型鸟舍，空间够宽敞，能满足鹰飞行的欲望。如果人能够和鹰对话，询问它有什么愿望，有什么不满，我想它会这么说："我们最大的问题，就是鸟舍里的鸟太多了。我们的窝才搭到一半，可是只要我或者妻子添加一根树枝，这些可恶的白头秃鹫（White Headed Vulture）就会过来把树枝叼走。我也不愿意和美洲雕（American Bald Headed Eagle）待在一起，它们比我们强壮，总是专横跋扈的样子；更让人受不了的是安第斯兀鹫（Andean Condor），那真是个讨厌的家伙；这里伙食还不错，但是马肉吃得太多了；我更喜欢吃小型动物，比如兔子，要带毛和骨头的。”这只鹰不会说它渴望宝贵的自由。

可是，被困笼中的动物，哪些是真正值得同情的呢？我刚才已经给出了部分答案：首先，那些比较聪明、进化水平较高的动物，它们心智活跃，渴望活动，困在笼中就无法发泄它们的欲望。此外，还有那些运动欲望十分强烈、在笼子无法得到排解的动物。它们自由生活时，习惯于四处漫游，运动的欲望很强烈，这一点非常明显，即便是外行也能看出来。在所有被困笼中的动物里，老式动物园里的狼和狐狸最可怜，因为它们的笼子太小了，根本无法满足运动的欲望。

另外一幕其实也很可怜，那就是迁徙季节某些种类天鹅的表现，但动物园的普通游客很少注意到。通常，为了使天鹅无法起飞，就像对待动物园里的大多数水鸟一样，天鹅被“减翅”，就是剪断掌关节处的翼骨。鸟意识不到自己已经不能再飞，一次又一次地尝试起飞。我不喜欢被减翅的水鸟，翅膀被剪已属不幸，它们张开翅膀的样子更让人感到伤心，哪怕有些鸟并不会因为减翅而遭受精神上的痛苦，我仍然感到很痛心。

通常，被减翅的天鹅看上去很幸福，能够得到精心的照料，顺利地繁殖和养育后代，似乎很满足。可是到了迁徙的季节，情况就大为不同：天鹅不断地游到池塘背风的一侧，这样，在逆风而起时，它们就可以充分利用整个池塘的水面来起飞。它们试飞时，会发出洪亮的叫声，可是如此壮观的准备过程，却一次又一次地以失败告终，它们只能可怜地扇动几下残缺的翅膀，这是多么令人难过的情景！

在很多动物园里，管理动物的方法都不科学，给不少动物造成了痛苦。其中最不幸的，当属我们上文提到的心智比较活跃的生物。很多动物原本非常聪明，因为长期被囚禁在狭小的空间，退化成了白痴，即便如此，逛动物园的人也不会同情它们。在动物园的鹦鹉棚前，我从来没有听到哪个游客说过同情的话。有不少多愁善感的老太太，是保护动物协会的忠实支持者，却把灰鹦鹉或者凤冠鹦鹉养在一个不大的笼子里，甚至拴在一根棍子上，而且没有感到丝毫的内疚。在鹦鹉族中，体形较大的种类不仅很聪明，而且在思想和行动上都异乎寻常地活跃。在鸟类中，除了乌鸦，可能也就只有鹦鹉会像人类的囚犯一样，因为无聊而感到痛苦。眼看着这些可怜的家伙在笼子里受苦受难，却没有人同情。看到笼中鸟不停地低头又抬头，不知情的主人还以为鸟在鞠躬，殊不知这是鸟的习惯动作，鸟曾经为了逃出笼子而一次次绝望地尝试，最终形成了这种习惯。倘若闷闷不乐的笼中鸟得到了自由，也要过好几周，甚至好几个月，它才敢飞。

被囚禁的猴子更不幸，尤其是类人猿。被囚禁的动物中，只有猴子会因为精神上的痛苦导致身体健康受到严重损伤。如果是被单独关在特别小的笼子里，类人猿真的可能会无聊致死。仅凭这一点，就可以解释如下现象：私人养的小猴子“像家人一样生活”，活得有滋有味，可是等到它们长大，具有了一定的危险性，被送到附近的动物园关进笼子里后，它们很快就萎靡不振了。我的僧帽猴格洛丽亚就遭遇了这种命运。毫不夸张地讲，要想成功地饲养类人猿，就必须搞清楚怎样让它不会因为囚禁而遭受精神上的折磨。我手头有本关于大猩猩的书，写得很棒，作者是罗伯特·耶基斯（Robert Yerkes），大猩猩研究方面的权威专家。读了他的书，你可以得出这样的结论：大猩猩是所有动物中与人类最接近的，要想使其保持健康，精神健康和生理健康同样重要。可是，在很多动物园，类人猿仍然被单独关在小笼子里，这是一种非常残忍的做法，应当受到法律的惩罚。

在佛罗里达州奥兰治帕克，耶基斯拥有一个很大的类人猿研究站，多年来一直养着一群大猩猩，它们自由繁殖，就像我家鸟舍中的白喉林莺（Lesser Whitethroat）一样幸福，而且比你我都要幸福得多。

第七章

选购动物

如果你想眼前拥有一片自然的色彩，可以欣赏到美丽的生物，那就买一个鱼缸；如果你想让自己的房间充满生机，那就选一对小鸟；如果你是一个孤独的人，希望得到亲密的接触，那么就选择一只狗来陪伴。饲养宠物让人们能更深刻地理解自然界，唤醒更多的人热爱自然。

兄弟姐妹们，
听我一句劝；
莫将心许狗，
被它撕成片。

——鲁德亚德·吉卜林

很少有人知道哪些动物适合当宠物。总会有一些爱好自然的人，想在家里养宠物，却一次又一次遭遇失败，因为他们喂养的技术较差，而且没有选择适合自己的动物。更重要的是，大多数宠物经销商没有能力对顾客进行评估，向顾客推荐合适的动物。

新手首先要想清楚自己为什么要养宠物。通常，人们是因为渴望与自然界保持联系，才想要养一只宠物。每只动物都是自然的一部分，但是并非每种动物都适合住在你家中。有两类动物你不应该买：一类是它和你在一起，它无法活下去的；另一类是你和它在一起，你无法活下去的。第一类是比较敏感的动物，它们很难维持健康状态，第二类包括我在第一章中提到的大多数动物。宠物店在售的动物中，很大一部分要么属于第一类，要么属于第二类。除去太脆弱的动物，再除去会给主人带来很多麻烦的动物，其余的动物中很大一部分都很无趣，几乎不值得花钱，再去费心照料。特别是家庭或者动物繁殖场中常见的动物，比如金鱼、乌龟、金丝雀、豚鼠（Guinea Pig）、养在笼中的鹦鹉、安哥拉猫、哈巴狗（Lap Dog）等等，都是很无趣的动物，几乎无法给你带来足够的乐趣。我们就不再考虑这些动物，只关心真正有趣的宠物。现在我们的选择取决于另外几个因素：我们能不能忍受噪音？我们每天在家待多久，都是什么时间在家？我们是不是只想让家里有一些自然界的气息，好提醒自己，这个空间里除了柏油、水泥和煤气管，还有别的东西？我们是不是希望眼前能看到一些非人造的东西？或者我们是想要一个动物来做伴侣？

如果你只是想眼前拥有一片自然的色彩，可以欣赏到美丽的生物，那就买一个鱼缸。如果你想让自己的房间充满生机，那就选一对小鸟：在大笼子里养上一对婚姻甜蜜的红腹灰雀（Bullfinch），会让周围都洋溢着家的感觉。雄鸟的歌声轻柔、沙哑却不失甜美，给人的心灵带来莫大的慰藉。它求爱时举止高贵、稳重，甚至很客气；它悉心照料娇小的妻子，极具绅士风度，这是多么美妙的情景。要想照顾好这些鸟，每天你只需抽出几分钟的时间。鸟食花不了几个钱，再准备些常见的青菜，调剂下它们的伙食就行了。

然而，如果你是一个孤独的人，希望得到亲密的接触，就像拜伦（Byron）那样，希望"有双眼睛等着你出现，并且在你到来的时候变亮"，那么就选一只狗。不要认为在公寓里养狗是残忍的事情。狗的幸福主要取决于你能有多少时间和它在一起，取决于它多久能陪你散步一次。它并不介意在你书房门口等上几个小时，只要它最后能够得到奖赏：陪着你散步10分钟。对于一只狗来说，它与人的友谊就是一切。但是，你要记住，这份责任可不轻松，因为你不能像看待仆人一样随便看待它。如果你是一个过于敏感的人，还要记住，狗的寿命要比你短得多，在十到十五年之后，伤心的离别是难免的。

如果你对养狗有所顾虑，还有其他很多智力水平较低的动物，从情感的角度讲，它们不是很"昂贵"，但仍然是"值得喜爱的"。比如我们这里最容易养的本地鸟——

椋鸟（Starling）。我有个朋友很有见地，称椋鸟为“穷人的狗”。这个说法很恰当。椋鸟有一点和狗相同，就是你没法买到属于你的椋鸟。如果你是个富人，始终把孩子交给保姆或家庭教师抚养，那么孩子几乎不可能认可你是父亲或母亲。同样道理，如果你买了一只成年的狗，它几乎不可能真正成为属于你的狗。最重要的是要与宠物保持亲密接触。因此，如果你想要得到真正爱你的椋鸟，就必须亲自给巢中的雏鸟喂食，打扫卫生。好在这种麻烦时间不长。一只椋鸟从孵出到独立，只需要24天。你可以从雏鸟出生后大约两星期开始照顾它，这时还来得及建立你们之间的关系，那么整个抚养过程也就只有两星期。抚养雏鸟也不是特别麻烦，只需要准备一个镊子，雏鸟张开贪婪的大嘴时，把食物送进它黄色的喉咙里，一天喂食五六次，再有就是用镊子把雏鸟的排泄物清理掉。这些排泄物表面裹着一层厚厚的外皮，不会把巢弄脏。这样人工巢就可以保持干净，不需要换“尿布”。人工巢的搭建也很简单：在小箱子里铺上一些稻草，只在前面留一个孔，方便把手伸进去喂食。这种人工巢与天然巢很接近。在这个摇篮里，小椋鸟会对着光排泄，这样排泄物就不会落进巢里，即便你没有功夫清理，也不会太脏。如果没有比较天然的食物，尝试喂食生肉或者动物心脏、浸过牛奶的面包，再来点儿切碎的鸡蛋，就能够提供充足的营养，再掺一点儿泥土，效果会很好。如果你能弄到蚯蚓或蚂蚁卵喂它们，就更好了，因为这些食品更天然。只有在很小的时候，椋鸟才需要如此昂贵的营养，等到它能够自己进食了，家里的剩饭几乎都吃。等椋鸟成年了，最好用潮湿的麦糠混和一些碾碎的大麻或罂粟种子，作为它们的主食，这样它们的粪便就比较干燥，几乎没有什么味道，即便是在很小的房间内也闻不到。

如果你觉得椋鸟太大了，占的空间太多，那我就向你推荐黄雀（Siskin）。这种小鸟待在不大的笼子里就很满意，不需要特别准备的食物，而且能够满足你有个伴儿的愿望。在我知道的所有小鸟中，这是唯一一种。成年后也会被驯化的鸟类，并且对主人产生真正的感情。当然，有些其他小鸟也能完全被驯化：它们不再害怕自己的主人，会站在他的头上或肩膀上，从主人的手上啄食。歌鸲（Robin）很快就能做到这一点。但是，如果你能洞察动物的内心世界，你就不会把自己的感情强加给宠物，不会总觉得因为主人爱它，它就必须爱主人。那么你就能读懂歌鸲幽暗神秘的眼神，知道它只是一直在想一个肤浅的问题：天哪，我什么时候才能够吃到小虫子啊。而黄雀喜欢吃种子，一天到晚不停地吃，但它并不是真正饿了。和吃昆虫的鸟类不同，进食对黄雀并不是多么重要的事情。主人手里的小虫子对于歌鸲有很大的吸引力，可是大麻种子对黄雀的吸引力就没那么大。因此，在同样条件下，新捕获的歌鸲很快就开始从主人的手里啄食，而黄雀则要过很久才会这样。所以，经过短期训练，歌鸲就会主动接近主人；而黄雀则要过好几个月才会这样，但黄雀接近主人只是为了得到陪伴，而不是为了得到食物。对于人类的心灵而言，与歌鸲高度追求物质回报的爱相比，这种“伙伴型的驯化”更可贵。作为一种社会性动物，黄雀会对主人产生感情，而歌鸲就不会。当然，还有很多社会性动物，也会将其社会交往的冲动转移到人身上，如果是很小的时候就被收养，还会与人类产生密切的感情。椋鸟、红腹灰雀、锡嘴雀（Hawfinch）能够对人情深意浓，大型乌鸦、鹦鹉、鹅还有鹤对人忠诚似狗。但是，要想让这些鸟成为温顺友好的家庭宠物，就必须从它们很小的时候就开始抚养。黄雀是个例外，即便是成年时被逮的黄雀，也能和人建立关系，至于原因，则不得而知。

有不少动物值得你费心费力去照顾，因为你会得到丰厚的回报。其中，我首先提到的是鱼类、红腹灰雀、椋鸟和黄雀，因为它们都很好养。当然，还有几十种很容易得到的动物，也易于驯养。另外还有很多物种，养起来会稍微麻烦一些。我强烈建议新手选择易养的动物，避开难养的物种。

“易养”这种特点必须与“坚强”或“有耐力”等特点

明确地区分开。我们出于科学研究的目的喂养动物，把它们放在或大或小的“囚笼”里，让它们在人类眼前完成整个生命周期。可是，这些动物往往是表面看上去“易养”，但其实只不过是有耐力，或者说的更直白些，就是能挺很长一段时间才会死。最典型的例子就是希腊陆龟（Greek Turtle）。即便是粗心的主人照料不周，这种可怜的动物也要过三四年，甚至五年才会真正、彻底、无可挽回地死掉。但是从严格意义上讲，从它被逮住那一天起，希腊陆龟就已经开始走下坡路了。要想让乌龟茁壮成长、繁衍生息，就必须给它们提供一定的生活条件，但公寓楼不具备这些条件。据我所知，在我们这一带，还没有谁真正成功地养育过乌龟。

每当我走进一个植物爱好者的家里，看到他养的植物都健康成长、生机勃勃，我就知道自己找到了志同道合的朋友。如果我房间里有植物即将死亡，哪怕是非常缓慢地枯萎，我都无法忍受。茁壮成长的桉树（Gum Tree），枝繁叶茂的蔓绿绒（Philodendron），其貌不扬的蜘蛛抱蛋（Aspidistra），在公寓里也能长得很好，这些植物生机勃勃的样子令我心生欢喜。反之如果漂亮的杜鹃花（Rhododendron）和仙客来（Cyclamen）不是在生长，而是在逐渐衰亡，将给我的房间带来腐烂的气息。正如莎翁所言，“但是那花若染上卑劣的病毒，最卑贱的野草也比它高贵得多”。我也不喜欢插花，它们会因为根被切断而迅速死亡，而有些植物因为被剥夺了生长所需的条件而缓慢枯萎，则更加令我难过。

面对植物时如此感伤，似乎有些夸张，但对于动物，几乎所有人都会赞同我的看法。哪怕是非常坚强的人，看到动物去世，也会感到同情。因此必须尽可能给动物提供适当的生存条件，使其能够真正地活着，而不是缓慢地死亡。有很多人都不愿意再养动物，就是因为他们第一次打算养动物时，选择了错误的宠物，以伤心告终。与一盆枯萎的花相比，一只死去的金翅雀（Goldfinch）躺在笼子里，给人留下的记忆要深刻得多，主人心中充满了懊悔，发誓再也不养鸟了。如果他当初没有选择金翅雀，而是选择了椋鸟或黄雀，他也许能养上15年。几乎没有鸟像金翅雀这样倒霉，总是被无知的爱鸟者“善意地杀死”。它们需要大量含油的种子，如果没有足够的蓟子或罂粟子，我也不愿照料新逮到的金翅雀。唯一的替代性食物是碾碎的大麻，特别要注意，是碾碎的，因为金翅雀的喙比较脆弱，无法啄开完整的大麻子。我认识几个宠物经销商，人很善良，在出售比较难养的鸟之前，都要严格地考察一下顾客，这个步骤很值得称赞。

另外一条似乎有些卑劣的好建议：不要去碰生病的动

物。只捕捉或购买健康的鸟，从窝里掏鸟，或者从懂鸟的人手里买鸟。如果你想长期喂养动物，就不要养虚弱的动物，也不要养被遗弃的动物。从鸟窝里摔下来的幼鸟，和母亲走散的狍崽，还有其他偶然被人类得到的动物，往往身上都带有死亡的前兆，他们虚弱不堪，只有兽医有能力救活它们。一个普遍规律是，买宠物时多花些钱，或者费点儿时间精心挑选，宠物带给你的快乐绝对是物超所值的。如果你想好了养什么宠物，就不要动摇。如果有一只特别温顺的动物，尤其是社会性动物，只要它是被人从小抚养大的动物，或被领养了很久的动物，那就要抓住机会，哪怕它比同类型的野生物种贵上四五倍的价钱，也值得拥有。

如果你是工作繁忙的城市上班族，购买动物时还要考虑另外一个重要因素，那就是你的作息时间和宠物的作息时间。如果你天亮就去上班，天黑了才回家，而且喜欢到户外过周末，那么你就不该养鸣禽，因为你不会从鸣禽那里得到什么乐趣。也许你会在出门前把鸟照料得很好，出门后想着它也许正在家里愉快地歌唱，这其实并无乐趣可言。但是，如果你根据自己的生活规律，选择了一只驯化的小型猫头鹰，或者其他夜行性小型哺乳动物，或者其他在你下班后才开始活跃的动物，那么它们肯定能给你的闲暇时光带来不少欢乐。小型哺乳动物也很有趣，但动物爱好者却很少关注。

的确，要想搞到有趣的物种，并不是件容易的事。通常而言，宠物经销商那里常见的小型哺乳动物中，除了驯化的家鼠，就只有被驯化且无趣的豚鼠出售。最近，人们开始广泛培养一种新的啮齿动物，宠物店里也能买到。它的名字叫金丝熊（Golden Hamster）。如果你晚上下班后很累，不愿意再从事复杂的脑力劳动，只想懒洋洋地打发时间，那我要向你鼎力推荐金丝熊。就在我写这段文字时，我旁边就有6只3个月大的金丝熊幼崽，正在进行最搞笑的摔跤比赛。这些老鼠大小的家伙胖胖的，憨态可掬，它们滚来滚去，一会儿大声尖叫，一会儿作撕咬状，在笼子里你追我赶。金丝熊的这种玩耍方式体现出很高的智商，就像狗或猫的行为一样，我还没听说过其他啮齿动物会这样玩耍。屋里有这样一些小家伙，不用你管也玩得很开心、很优雅，岂不是一件很愉快的事？

我觉得人们培养金丝熊，就是为了让城市里贫困的动物爱好者开心。金丝熊身上体现出了家养宠物所有的优点，却几乎没有家养宠物常见的缺点。驯化的金丝熊从来不会咬人，就像豚鼠或兔子那样。当然，金丝熊妈妈在照顾很小的幼崽时，你要小心些，其实只要别离幼崽太近就行；如果金丝熊妈妈离开窝有一米远了，你用手抚摸它也没关系。如果不是因为松鼠到处爬高，在所有能咬动的东西上留下它的牙印，那么松鼠该是多么好的一个家庭成员！金丝熊几乎不会攀爬，也不怎么咬东西，所以你完全可以让它在屋子里随便跑，也不会造成什么破坏。此外，金丝熊还是个外表利索的小家伙，胖胖的脑袋圆溜溜的大眼睛，机警地打量着周围的一切，让人们觉得它非常聪明，金、白、黑交错的毛色也很漂亮。它的动作滑稽搞笑，人们看到就忍俊不禁，它迈开四条短腿，急匆匆地走过来，好像有人在催它。有时还会突然直直地站起来，好像是插在地上的一根小柱子，耳朵竖起，眼球突出，好像在寻找并不存在的危险。

我房间挨着书桌的地方有张桌子，上面就是我养金丝熊的场地：在一个小玻璃箱内，金丝熊会定期下崽，等到一窝金丝熊都长大了，我就把它们移到宽敞的箱子里，箱子逐渐增多，很快就要完全占据我的书房了。金丝熊妈妈住在玻璃箱里，带着它新下的一窝宝宝。珍稀动物爱好者可能会嘲笑说，金丝熊这么简单易养，就连5岁的小孩都能轻易照料，我竟然还下这么大功夫。可是，对于动物行为研究者而言，一种动物的贵贱，或者容不容易养并不重要。有很多鸟类和鱼类爱好者，就喜欢难养的物种，但研究者完全不会有这种想法，他们所感兴趣的是能从这种动物身上观察到多少东西。用这个标准衡量，普通的金丝熊要胜过很多昂贵又难养的物种。在金丝熊的小玻璃箱旁边，还有一个鸟舍，里面有我饲养的动物中最稀有、最珍贵的品种：一对文须雀（Bearded Tit），正在孵化3枚鸟蛋。但我关注更多的，还是金丝熊。

只要我想，我也能把脆弱难养的动物养好，让它们住在我的书房里，完好地展现其生命周期。如果有人成功地在室内的鸟舍中养过文丝雀，或者是做到过同样难度的事，他就能体会到我热爱养金丝熊的原因所在。

当然，也会有喂养动物的大师，喜欢战胜困难，拿某种特别的动物来试试手，对于他们来说，这么做就是一次实验。但是新手最好不要这样，因为如果新手做类似的事，结果往往是动物遭受了虐待。只有出于科学研究的必要时，才选择喂养特别难养的物种，仅仅是出于好奇心的行为，道德上就有些不合适了。即便是非常有经验的动物饲养者，在准备喂养很脆弱的动物之前，不仅应当考虑已成文的动物保护相关法律，还要考虑那些更加严格的未成文的相关约定。饲养的动物必须得到其身心健康发展所需的一切。每当见到一个新物种时，我们倾心于其魅力，满腔热情，往往不假思索就承担起这项严肃的责任。时间一天天过去，热情逐渐消逝，但责任依旧，我们在不经意间已经背上了一个包袱，并且没办法轻易地卸掉。我家有一个小池子，是用大理石铺的底，阳台角上优雅的雕像倒映在水中。我曾在池子中养了两只一岁大的小鸊鷉（Dabchick），这是一种小型的潜水鸟，它们的行为看上去非常有趣、优雅。它们是非常专业的潜水选手，在陆地上站不直，走路也要一步一步地，特别笨拙。通常情况下，它们几乎都不会离开水，除非是要爬到浮在水面的窝里。因此，它们对这个小池子非常满意，安定下来之后，自愿待在那里，不用拿篱笆圈养。这是多么富有魅力的室内装饰啊！不幸的是，这种极富魅力的室内水鸟有一个奇怪的习惯：它们只吃活鱼，而且长度不能超过5厘米，也不能小于2.5厘米。除了作为主食的鱼，它们还吃些小虫子和青菜，当没有鱼喂时，虫子和青菜也能用来充饥，顶上半天。尽管我在地窖里放了一个大鱼缸用于养鱼，而且那时我的资金也比较充足，但因为总要想着给它们准备食物，我变得紧张兮兮。那年冬天，我不止一次地从一家宠物店冲到另一家宠物店，焦急地寻找小鱼，或者绝望地跑到附近的池塘边，把冰冻的水面凿开，希望能够弄到小鱼，好挨过没有鱼的季节，不然我的小鹏鹛就会饿死。也许我该放走这些袖珍版的天鹅，但我下不了决心。不过，在一个晴朗的夏日，这对鸟从打开的窗户飞走了。我虽然很伤心，但也感觉如释重负。

在房间里养鸟，有一件很烦人的事，就是它会因为害羞而不停地拍打翅膀。如果你养了一只苍头燕雀（Chaffinch），它很可爱，歌唱得也好听。这只鸟之前的主人是一个很有名的鸣禽养家，他在笼子上加了个亚麻布罩。

可是你不仅想听到他的歌声，还想看他的样子。于是你就把布罩摘了下来，笼子里的鸟没有注意到这种变化，该怎么唱还怎么唱——但前提是你不能走动。你只能非常小心、非常缓慢地移动，要不然苍头燕雀会一个劲儿地猛撞笼子，让人担心它会把头皮撞破，把羽毛撞飞。如果你觉得它会平静下来，逐渐地变温顺，那你就错了。迄今为止，据我所知，只有很少几只苍头燕雀能习惯人们在附近走动，变得无动于衷。但是你知道这意味着什么吗？在自己房间里，却要想方设法避免快速移动，而且连续几周都这样。你连椅子都不敢挪动一下，不然这只蠢鸟会把头上新长出的羽毛再次撞掉。你每挪动一下，就看一眼苍头燕雀的笼子，生怕它又开始不停地撞笼子。

在迁徙的季节，很多迁徙性的鸟会在晚上拍打翅膀。笼子顶部是软的，鸟不会把自己弄成重伤。即便如此，在晚上拍打翅膀，不仅鸟不得安稳，睡在同一个房间的人也无法安眠。鸟之所以撞笼子，并不是迁徙的冲动直接引起的，而是因为鸟处于清醒状态，无法入睡，而运动的愿望驱使它不停地从栖木上起飞；晚上它什么也看不见，就会乱撞笼子。要想解决夜间拍打翅膀的问题，唯一的办法就是在笼子里装一个小灯泡。灯不用太亮，只要能让鸟看见笼子和栖木就行。也就是在发现了这个方法后，我才能白天享受鸟儿美妙的叫声，晚上又能安静地休息。

我还要特意劝告一下未来的爱鸟者，不要低估鸟的歌声，虽然在户外听着甜美、柔和，但在室内其实十分刺耳。当雄性画眉在房间里纵情放歌时，窗户玻璃真的会振动，茶几上的杯子也会跳起轻舞。放到室内，大多数鸣禽的歌声都不算太大，可能苍头燕雀算是例外，它会一直重复地唱一个调，让人有些心烦。总而言之，如果你是比较敏感的人，一定不要养叫声单一、没有变化的鸟。这种情况几乎是难以想象的：有人不仅能够忍受普通的鹌鹑，而且还为了听鹌鹑“皮克-坡-维克”的叫声而专门养鹌鹑。想象一下，这本书里连续三页就只有这几个单词，你读起来就知道鹌鹑的叫声是什么样了！尽管在户外听着不错，但在房间里，其效果就像是坏了的留声机唱片，而唱针总是卡在同一个地方。

最令人难受的就是动物生病。因此，除了其他道德上的更高要求，我还强烈建议你购买那些不容易生病的物种。如果一只鹦鹉得了结核病，整个家庭都笼罩在一种阴郁的氛围中，就好像家里有人病危了一样。如果你尽心尽力地去照顾宠物，可它还是病入膏肓，那么不要犹豫，让它安乐死，当然如果人得了重病，医生是不能这么做的。

在所有生物中，感知痛苦的能力与进化的水平是直接相关的，这一点尤其适用于精神痛苦。同样是关在笼子里，与渡鸦、鹦鹉或者獴（Mongoose）相比（就更不要说狐猴或者猴子了），愚蠢一些的动物，比如夜莺或者小老鼠，要少受很多痛苦。对于聪明的动物，要想让其真正地得到人道待遇，就应该时不时让它们自由活动一下。与永久性的囚禁相比，偶尔从笼子里出来放放风，似乎没有实质性地改善动物的生活。可是，放风能显著改善动物的心理健康状况。这种区别就好比长工与罪犯生活之间的差别。

放出来？这些野性的家伙们岂不会立即跑掉或飞走？大可不必担心，这些聪明的动物因为长期囚禁，精神上受到了创伤，逃走的可能性很小。除了非常低等的动物，所有动物都不肯改变习惯，会不惜一切代价维持习惯的生活方式。因此，不管什么动物，在长期囚禁后，如果突然有一天放了出来，只要它能找到回去的路，它还会回到笼中。不过，大多数小鸟都太蠢了，找不到回去的路。只有少数雀形目的鸟，比如家麻雀和崖沙燕（Sand Martin），拥有足够的“方位智商”，能够穿过窗户和门回到笼中。我们也只敢把这些小鸟放出来一会儿，让它们享受一下自由飞翔的特权。不过，你还要记住，这些家养的小鸟出去后面临很大的危险，因为它们信赖别人，会比野生的同类更容易遭遇不幸。

因此，这种想法是错误的：一旦真正驯化的獴、狐狸或猴子被放开，它们肯定想要永久性地重获“宝贵的自由”。

这只是把人的思维强加给了动物。动物不想离开你，它只想离开笼子。防止驯化的渡鸦、獴或猴子逃跑并不难，难的是如何防止它们扰乱你的日常工作，让你周日晚上也没法安宁。多年来，我习惯了工作时身边有可爱的动物陪伴，还有更可爱的孩子，可是还是有很多事让我烦心：渡鸦想把我的手稿叼走；椋鸟用翅膀扇起一阵风，把书桌上的纸全吹到了地上；一只猴子站在我身后，试图搞破坏。我要一直做好心理准备，每时每刻背后都有可能传来碎裂声。

当我坐下开始写作时，我家“诺亚方舟”里的所有动物都必须回到笼中。尽管这些聪明的动物很希望脱离牢笼，但只要训练得当，我一发出命令，它们就会重新回到笼子里（獴是个例外，它无论如何都不肯照办）。当我下达了可怕的命令后，看到那些动物就安静、顺从地爬回笼子里，又让我感到有些后悔，想收回自己的命令。不过从教育的角度讲，这种做法是极不可取的。虽然动物在笼外自由自在时让我很烦心，但是看着可怜的动物蹲在笼子里，无聊得要死，我则更加无法安心。这就好比是命令自己的小女儿待在你的书房里，却严禁她说话，不准她打扰你。她会纠结到底是做个好孩子，还是破例问一个问题，这种内心的冲突都清晰地写在她的小脸蛋上，那样子真是甜蜜迷人。但是这会打扰你的工作，比一群椋鸟、渡鸦和猴子还要令人分心。

我有只年老的德国牧羊犬，是一只母狗，名字叫提托（Tito），它最擅长扰乱我的工作。它属于那种忠诚到极致的狗，完全没有自己的私生活。它会一直躺在我脚边，即便我接连几个小时坐在书桌旁，它也很乖，从不抱怨，也不会发出任何声音来吸引我的注意力。她只是用琥珀色的眼睛看着我。她的眼神好像在问我“你打算带我出去吗”。这种眼光好像是良知的声音，能轻易地穿透最厚实的墙壁。有时我让提托待在房间外，可是我深深知道，她一定正躺在门口，琥珀色的眼睛一动不动地盯着门把手。

当我阅读这一章，特别是最后几页时，我觉得自己过于强调养宠物的负面因素，可能会导致你根本就不想养宠物。不要误解我，我之所以强调有些动物不能养，只是因为我担心，你第一次养宠物时有可能养不好，最终你会感到非常失望、痛苦，不再想养宠物。那样就非常可惜了，因为在所有业余爱好中，养宠物是最有趣、最有价值、最富教育意义的。我致力于让尽可能多的人对奇妙的自然界有更深刻的理解。我特别渴望有更多的人热爱自然。如果读者非常耐心地读到这一段，并且在我的引导下买了一个鱼缸，或者养了一对金丝熊，那样我就可以说：我为这项美好的事业赢得了一位真正的追随者。

第八章 动物的语言

动物并没有真正意义上的“语言”。社会性动物经过长时期的进化，形成了一套用特定动作和声音表达情感的符号系统。这种符号系统与人类的语言有着本质的区别：人类的语言能力需要后天学习来获得，而动物在听到或看到同类的信号时，则是以先天的方式进行回应。通过对动物行为的观察，每个人都能与其亲密“对话”。

学习每种鸟的语言，

学习鸟的名字、鸟的所有密码，

遇见鸟就和它交谈。

——朗费罗（Longfellow）

动物并没有真正意义上的“语言”。在高等脊椎动物和昆虫中，尤其是其中的社会性物种里，每个个体天生就会用某些特定动作和声音表达感情。而且当它看到同类做出某个动作，听到某种声音时，会用天生的方式来回应这些符号。高度社会化的鸟类，比如寒鸦或灰雁，有一套复杂的符号系统，每只鸟天生就会发出这些符号，也理解这些符号。凭借这些行为和反应，鸟类能够完美地协调社会行为。在人类观察者看来，这些鸟是在讲一门自己的语言。当然，动物这种天生的符号系统与人类的语言有着本质的区别。人类儿童要费力地学习每一个单词，才能掌握一门语言。此外，这种所谓的动物的“语言”是基因决定的特征（就好像身体特征一样），每种动物的语言都没有地域的差异。这个事实是显而易见的，不过，当我听到俄罗斯北部的寒鸦“讲”的“方言”和我阿尔腾贝格家中寒鸦“讲”的语言一模一样时，我还是很惊讶。动物的叫声与人类的语言之间其实只有表面的相似性。观察者逐渐认识到，动物在用声音和动作表达情感时，并非有意识要对另一个同类产生影响。一个例证是，即便是单独繁殖和养育的灰雁或寒鸦，只要有了某种相应的情绪，他们就会发出相应的信号。在这种情形下显然这种行为是自动的，甚至可以说是机械性的，这与人类的语言完全不同。

人类行为也有类似的符号，能够自动传达某种情绪，这种符号并没有影响他人的意图，甚至和人的意图相反。最常见的例子就是打哈欠。打哈欠是一种很容易被感知的视觉和听觉刺激，其造成的影响效果人们已经习以为常了。但是，一般而言，要想传达一种情绪，并不总是需要如此粗鲁和直白的符号。相反，特别留心也难以体察到的微小符号刺激，才有特殊的效果。传送和接收符号刺激的表达情绪的神秘机制相当古老，比人类本身的历史还要久远得多。就我们人类而言，显然这种机制已经随着语言的发展而退化了。人类已经不再需要细微的举动来传达情绪，取而代之可以用言语来表达。但寒鸦和狗必须“用眼神交流”，才能知道它们接下来该做什么。因此，在社会性高等动物中，“情绪对流”的传输和接收机制要比我们人类的相应机制发达得多。所以，动物的所有拟情动作，比如寒鸦的“嘎”声和“呱”声，不能与我们所说的语言相提并论，而是类似于人类的打哈欠、皱眉头、微笑等表情，是天生行为的下意识流露，需要相应的天生机制来理解。各种动物“语言”的词汇，其实只是一些感叹词。

尽管人类也有很多不同层级的下意识模仿技巧，但即便是乔治·罗比（George Robey）①、埃米尔·詹宁斯（Emil Jannings）②这样的表演大师，也不能像灰雁那样，通过模仿传达如下的感情：表明自己是想走还是想飞，是想回家还是想飞得更远，而寒鸦却能轻易地做到。无论是传输机制，还是接受机制，动物都比人类更为高效。动物不仅能够区分大量符号，而且还能对非常细微的

① 乔治·罗比（1869~1954），英国杂耍剧院喜剧演员、歌手。因演技精湛，观众称之为“欢乐国首相”。——译者注

② 埃米尔·詹宁斯（1884~1950），德国演员，1927年获第1届奥斯卡奖最佳男主角奖，成为首位奥斯卡影帝。——译者注

信息做出回应。有些细微的符号，人类完全观察不到，动物却能够正确地接收和理解，真是令人难以置信。一只寒鸦在地上找食物，如果它飞到附近的苹果树上，开始梳理自己的羽毛，那么其他寒鸦根本就不会往这边看；但是，如果它展翅，示意往远处飞，因为它在鸟群中的权威性，它的配偶或者一大群寒鸦就会跟上来，尽管它连“呱”的叫一声都没有。

在这种情况下，如果一个人非常熟悉寒鸦的行为举止，通过仔细观察某只寒鸦传达意图的细微动作，他或许也能够预测这只寒鸦打算飞多远，尽管不会像另外一只寒鸦预测得那么精准。有些情况下，如果你是一个善于观察的人，你能够达到甚至超越动物的“理解”能力，预判动物的意图，但有些情况下，人根本就无法与动物媲美。狗的“接收装置”远胜过人类的相应器官。懂狗的人都知道，一条忠诚的狗有神奇的本领，能够准确判断出主人离开房间的意图，能预判主人是去办它不感兴趣的事，还是它期待已久的出门遛弯。有些狗察言观色的能力甚至更强。前面提到的德国牧羊犬提托，是我现在这条狗的曾曾曾曾曾祖母。提托有“心灵感应”，能准确地发现在什么时候有哪些人让我不爽。它肯定会不管不顾地去咬这个人的臀部，但咬得很轻。最容易遭罪的是一些老先生，他们在和我谈话时，时不时摆出倚老卖老的姿态，好像在说“你这个小年轻懂什么”。这个老先生刚教训了我，就会焦虑地用手去摸屁股，因为提托已经非常尽职地惩罚了他。最让我搞不明白的是，有时提托躺在桌子下面，也就是说看不到人的面部表情和姿势，却仍然能够做出准确的反应。它怎么知道我在和谁争辩？

狗能如此准确地理解主人的情绪，靠的并不是心灵感应。有很多动物能够觉察极其细微的动作，人眼根本无法分辨。狗总是集中精力，全心全意为主人服务，主人的每一句话都入耳入脑，它自然会把这种本领发挥到极致。马在这方面也卓有成就。因此，咱们可以在这儿讨论一下那些给动物带来名声的戏法。有些马会“思考”，能开平方；还有一条神奇的艾尔谷梗（Airedale Terrier），名叫罗尔夫（Rolf），它是如此的聪明，临终时还将遗愿告诉了自己的女主人。这些会“计算”、“说话”、“思考”的动物通过敲击或叫声来“说话”，其表达意义的方式和莫尔斯码类似。乍一看，它们的表现的确惊人。假设你受邀来亲自检验动物的表现，也许是马或猎犬，也许是其他动物。你站在它们前面，你问2的两倍是多少，猎犬仔细地看着你，叫了四声。马的智慧更是让你觉得不可思议，因为它甚至都不会看你。狗仔细地观察考官，说明它更加注意考官，而不是问题本身。可是马不需要用眼睛盯着考官，因为即便它不正对着你，仅凭眼睛的余光，它也能清楚地看到你最细微的动作。是你本人在不经意间把正确答案泄露给了“会思考”的动物。如果你本人不知道正确答案，可怜的动物会不断地击地，或者绝望地叫唤，等待你发出“停止”的信号。一般而言，它们都会得到这个信号，因为没有几个人能够控制下意识的信号，即便你自制力非常强，也很难做到。是人类得出了答案，并把答案传达给了动物，我同事用实验证实了这一点。实验对象是一条很有名的达克斯猎犬，狗的主人是一位独身女。实验方法很“奸诈”：不是向“算数”的狗传达错误答案，而是让狗主人得出错误的答案。他做了一套卡片，在卡片的一面用很大的字写着一个简单问题。可有一点是独身女所不知道的，那就是卡片是用几层透明纸制成的，最后一层上印了另外一个问题，从背面是能看见的，卡片的正面对着狗。毫无疑心的女士看到卡片背面透出的问题，以为就是狗要回答的问题，就不自觉地把这个问题的答案传达给了狗，殊不知这个答案和卡片正面的问题完全对不上。她看到自己的狗接二连三地答错问题，还是第一次遇到这种情况，非常诧异。在这次实验结束前，我的朋友又换了一套战术，提了一个狗能回答，但女主人无法回答的问题：

他用抹布沾上了发情期母狗的气味，然后把抹布放在狗面前。狗立即兴奋起来，一边摇尾巴，一边呜呜地叫了起来——它闻出了母狗的味道。如果主人养狗经验比较丰富一定能看懂狗的行为。但这位年老的女士不行。当朋友问狗闻到的是什么东西时，狗立刻抛出了女主人给出的答案："奶酪"！

很多动物都对某些细微的动作特别敏感，能够体会出动作所传达的意思，比如上文讲到的，狗有能力觉察其主人对别人的态度是友善的还是敌意的，这是件很奇妙的事，难免会让某些人误解。有些天真的观察者会觉得，人类内心的想法狗都能猜出，那么狗肯定能理解主人所说的每一句话，其实这些观察者是错把人类的理解能力赋予了狗。一条聪明的狗的确能理解不少话，但是一定要记住，正是因为动物没有真正的语言，它们才具备了理解细微动作的敏锐能力。

就像我刚才解释过的，所有天生的情感表达方式，比如寒鸦的一整套复杂的"符号系统"，和人类的语言还是有很大的差距。而当狗用鼻子拱你，呜呜叫着跑到门边，用爪子挠门把手，或者把爪子放在笼头下面的洗盆上，用哀求的眼神看着你时，这些行为更接近于人类的语言，而寒鸦或灰雁的"话"则不同，即便这些鸟的声音听上去有很多变化，似乎“很好懂”，也很符合当时的情景。狗希望你把门打开，或者打开水龙头，它这么做有明确而具体的动机，希望能够影响你的情绪。如果你不在现场，它绝对不会做这些动作。但是寒鸦或者灰雁“嘎”、“呱”地叫，或者发出警告声时，它们只是在无意识地表达它们内心的情绪。当它处于某种心情时，它必须发出相应的声音，不论有没有人在听。

上文提到，狗能做出人可以理解的行为，这些行为并不是天生的，而是自己学到的，需要有悟性才能实现。每一条狗都有独特的方式与主人交流，而且会根据环境调整自己的行为。我曾有只母狗叫斯塔西（Stasie），是我现在这只狗的曾祖母。有一天晚上，它吃了东西后肚子不舒服，希望到外面去。但我当时劳累过度，睡得非常死，它在那里呜呜叫，可是我的反应就是把头深深地埋到枕头下，靠这些普通办法，它根本没办法弄醒我。绝望之下，它忘记了平时的规矩，做了一件从来不允许做的事：它跳到床上，然后把我从毯子里扒了出来，顶到了地板上。像这样表达需求的变通能力，是鸟类的“词汇”中绝对没有的，它们永远不会把你从床上赶下去。

鹦鹉和大型乌鸦具有另外一种语言能力：它们能够模仿人类“说话”。有时，在鸟的叫声和某种经历之间，可能存在思维上的关联。很多鸣禽也会进行类似的模仿。柳莺（Willow Warbler）、红背伯劳（Red Backed Shrike）等很多鸟都擅长模仿。鸟通过模仿发出一些声音，这些声音不是天生的，只有鸟唱歌时才会发出这些声音；这些声音没有意义，与这些鸟类天生的“词汇”没有任何关系。椋鸟、喜鹊和寒鸦不仅会“模仿”其他鸟的声音，还能成功地模仿人类说话。不过大型乌鸦和鹦鹉的模仿就是另外一回事了。鹦鹉学舌体现出一种寻开心、无目的的特点，这和小型鸟类的模仿相似，和更聪明动物的玩耍也有些类似。但是乌鸦或鹦鹉可以在不唱歌的时候说出人类的词汇，而且毫无疑问，有时这些声音是与思维有直接联系的。

很多灰鹦鹉，还有其他一些鸟，会在适当的时间说“早上好”，而且一天只说一次。我的一个朋友，奥托·科勒（Otto Koehler）教授有一只很老的灰鹦鹉，而且这只鹦鹉有拔自己羽毛的恶习，所以它几乎成了秃子。你叫它的名字“盖尔”（Geier）时，它会答应，“盖尔”在德语中是秃鹫的意思。盖尔其貌不扬，却以口才闻名。它会讲“早上好”和“晚上好”，当客人起身离开时，它会用和蔼而低沉的声音说“Na，auf Wiedersehen（好的，再见）”。但只有客人真的离开时它才会说这句话。就像“会思考”的狗那样，它能够觉察到客人身上最细微、无意识的信号。这些信号是什么样的，我们永远都搞不清楚，我们曾经尝试假装离开，希望它会说再见，但一次都没有成功。但客人真正离开时，无论客人离开时多么低调，鹦鹉都会立即说道："Na，auf Wiedersehen（好的，再见）"！

冯·卢卡纳斯（Von Lukanus）上校是柏林著名的鸟类学家。他也有一只灰鹦鹉，并以记忆力超群而著称。冯·卢卡纳斯养过很多鸟，其中有一只驯化的戴胜（Hoopoe），取名叫"赫普夫陈"（Höpfchen）。那只鹦鹉能力很强，不久就学会了这个名字。不幸的是，戴胜在笼子里不会活太久，但鹦鹉能活很久。所以，过了一段时间，"赫普夫陈"就与世长辞了，鹦鹉好像也忘了戴胜的名字，至少是再也没有说过。9年后，冯·卢卡纳斯上校又买了一只戴胜，鹦鹉第一次见到这只戴胜时，就立即不停地开始说"赫普夫陈，赫普夫陈"……

通常，这些鸟能把学到的东西记得非常牢固，可是它们学习新东西的速度非常慢。教过椋鸟或鹦鹉的人都知道，要想让它记住一个新单词，必须非常耐心，要不知疲倦地一遍又一遍重复这个单词。但是，在极个别的情况下，这些鸟也能学会没听过几次的单词，有时听一次就学会了。不过，显而易见的是，只有当鸟处于极度兴奋状态时，才能做到这一点，我自己只经历过两次这样的事。我哥哥有一只温顺可爱的蓝帽亚马孙鹦鹉，名字叫巴巴加罗，养了很多年。他有很高的语言天赋。巴巴加罗和我们一起住在阿尔腾贝格时，像我们家的其他鸟一样，可以自由飞翔。一只会说人话的鹦鹉，从这棵树上飞到那棵树上，嘴中喋喋不休，可比蹲在笼子里学舌的鹦鹉更好玩。巴巴加罗会在村子里飞来飞去，一边大叫“博士在哪儿呀”，有时他真的是在寻找主人，让人忍俊不禁。

巴巴加罗还做过另外一件更有意思的事，从科学的观点看也很惊人。他天不怕地不怕，只怕扫烟囱的人。鸟类都害怕高处的东西。原因是它们天生就害怕从高处冲下来的猛禽。所以当它们看到天上有物体，就会觉得是“猛禽”。扫烟囱的人一身黑衣，本来看着就很凶恶，当他站在烟囱上，身影挡住了一片天空，巴巴加罗陷入了恐慌，大叫着飞走，有时飞得很远，我们都担心他可能都回不来了。几个月后，扫烟囱的人又来了。当时巴巴加罗正蹲在风标上，和几只寒鸦争吵，因为寒鸦也想蹲在那里。突然间，我看到它伸长了脖子，紧张地对着街上张望；然后它起身飞走了，并用沙哑的声音不断大叫：“扫烟囱的来了，扫烟囱的来了！”紧接着，黑衣人真的推开门走进了院子！

不幸的是，我没办法搞清楚巴巴加罗之前见过扫烟囱的人几次，也不知道它有多少次听到厨师喊过扫烟囱的人来了。显然，巴巴加罗模仿的肯定是这位女士的声音和腔调。但巴巴加罗顶多听过三遍，而且要隔好几个月才能听到一次。

我还知道另外一只鸟有这种本领，听一两遍就能学会一句人话。这是一只冠鸦（Hooded Crow）。这只鸟叫“汉斯”，它的语言天赋能与最聪明的鹦鹉媲美。汉斯的主人是邻村的一名铁路职工，平日允许它自由飞翔。它体格健壮，充分证明了它养父的喂养水平。大家都认为乌鸦很好养，其实不然。通常乌鸦都得不到充分的照料，往往长得很矮小，像半残废一样待在笼子里。有一天，村里的几个小男孩带来了一只满身是土的冠鸦，翅膀和尾巴上的羽毛都被剪掉了。我几乎认不出来，这个可怜的家伙竟是原本风度翩翩的汉斯。我把这只鸟买了下来。这是我一贯的做法，村里小孩只要把不幸的动物送到我家，我都会买下来，一方面是因为我觉得这些动物很可怜，另一方面是因为这些动物中可能有我感兴趣的。这只冠鸦肯定是我感兴趣的！我给汉斯的主人打了一个电话，对方说汉斯已经走失好几天了，请求我养着汉斯，直到它更换羽毛。我同意了，随后我把汉斯放到了野鸡笼里，喂它浓缩饲料，这样它换羽毛时，翅膀和尾巴上就会长出漂亮的羽毛。这段时间它不得不待在笼子里，不过我发现它有异乎寻常的学舌天赋，让我有机会听到很多话。当然，它学会的都是街谈巷议，就好像是它蹲在村里街边的树上，一直在听村民的“语言”。

后来，我很高兴地看到汉斯又长出了丰满的羽毛。等到它完全具备飞翔能力时，我就把它放飞了。之后它飞回沃顿（Wordern），回到了主人身边，不过它时不时还会回来做客。有一阵它好几周都没过来，等它再次出现时，我发现它一只爪子上有个足趾歪了，一定是断了以后长歪的。而我们是从哪里得知的汉斯的遭遇呢？信不信，就是汉斯自己告诉我们的！这次漫长的失踪之后，它回来时新学会了一句话。它带着下奥地利州方言口音，用街头顽童的腔调说了一个很短的句子：“它中套了！”显然，这句话讲的是真事。就像巴巴加罗的故事一样，一句没听过几次的话，深深地印在了汉斯的记忆中，因为这句话是它在极端恐慌时听到的，就在它刚刚被逮住的时候。可惜汉斯并没有告诉我们，它是怎么逃脱的。

在这种情况下，多愁善感的动物爱好者会认为，动物也拥有人类一样的智慧，并发誓，鸟明白自己在说什么。这显然是不正确的。最聪明的“会讲话”的鸟能够在不同的情景下发出不同的叫声，但即便是它们，也学不会如何运用自己的语言能力，来有意地实现最简单的目的。在训练动物方面，科勒教授的成就可谓无人能及，他教的鸽子能数到六。他想教会灰鹦鹉盖尔一项本领：在饿的时候说“食物”，在渴的时候说“水”。他没有成功，并且迄今为止还没有谁能做到。这很说明问题。既然鸟能够把自己的叫声与某种情景联系起来，我们期望鸟也能够把叫声与目的联系在一起，但出乎意料的是，鸟做不到这一点。而在其他情况下，动物是为了实现某种目的才会去学一种新行为。有时动物会形成非常有趣的习惯，就为了影响它的主人。有一只布鲁梅瑙长尾鹦鹉就形成了非常奇特的习惯，这只鹦鹉的主人是卡尔·冯·弗里希（Karl Von Frisch）。只有在他看到鹦鹉排泄之后，这位科学家才允许鹦鹉自由飞翔。这样在接下来的“放风”时间里，他家漂亮的家具才不会遭殃。这只鹦鹉很快就明白了排泄与自由之间的联系。因为它非常喜欢离开笼子，所以每当冯·弗里希教授靠近笼子，它就竭尽全力挤出一点点儿排泄物。甚至在它什么都拉不出来的时候，它也会绝望地一个劲挤，真有可能因为用力过度而伤到自己。你每次见到这个可怜的家伙，都得让它出来透透气！

可是，即便盖尔比小鹦鹉聪明好多倍，它还是不会在饿的时候说“食物”。鸟类的鸣管和大脑构成了一整套复杂的系统，让鸟能够模仿说话，甚至可能与思维联系在一起，但是这套系统却对鸟类的求生没有什么作用。我们只能徒劳地问自己：这套系统有什么用呢？

我只知道有一种鸟学会了用人类的单词表达它要的具体事物，也就是说，它把叫声与目的联系在一起了。绝非偶然的是，它属于鸟类中智力发展水平最高的一种（在我看来）：渡鸦。渡鸦有一种天生的鸣声，对应着寒鸦的“呱”声，含义也相同，即发出叫声的鸟邀请其他鸟一起飞。渡鸦的鸣声洪亮却又尖厉刺耳——“嘎嘎嘎”。假如渡鸦想要站在地上的同类和它一起飞翔，就会采取与寒鸦一样的动作：它从后面飞过来，掠过另一只鸟的头顶，同时摆动自己的尾巴，并发出一阵特别尖厉的“嘎嘎嘎嘎”声，听起来就像是枪炮齐射。

我养的渡鸦叫罗亚（Roah），是根据它小时候的叫声命名的。它长大后仍然把我当作密友，在它百无聊赖的时候，会陪我去散步，甚至和我一起去滑雪，或者去多瑙河上一起坐汽艇。罗亚年纪大了之后，开始怕见陌生人，而且特别讨厌它曾经受过惊吓、遭遇烦心事的地方。一旦我到了这些地方，它就不愿意从天上飞下来陪我，而且看到我待在它认为有威胁的地方，它也受不了。于是，就像大寒鸦试图呼唤自己贪玩的孩子离开地面、一起飞走一样，罗亚也会从我后面飞过来，在掠过我头顶时，摇一摇尾巴，又开始向上飞，并且回头看我是不是和它一起飞起来了。在做了这一系列动作后（强调一下，这些动作都是与生俱来），罗亚并没有发出上述鸣声，而是用人类的腔调叫出了它自己的名字。最奇怪的事情是，只有在叫我的时候，罗亚才使用人类的腔调。在呼唤它的同类时，它使用天生的正常鸣声。你也许会怀疑，我是不是曾经在无意中对它进行过这种训练，但你显然错了，因为这种情况只有在极其偶然的情况下才会出现：比如我走近罗亚时，它正在叫自己的名字，而且当时它还想让我陪着它。这三个因素都同时发生，而且发生过好几次时，才能使罗亚形成这种习惯，这显然是不可能的。这么说来，罗亚肯定觉得“罗亚”是我的鸣声！能和动物对话的人，不止所罗门王一人，但据我所知，能在正确的语境下向人说出一个人类单词的动物，罗亚是唯一一个，尽管这只是一个很普通的鸣声。

第九章

训鼩记

水鼩看上去和企鹅一样笨拙，但入水之后，它们就完成华丽的转身，成为优雅的典范。它那圆鼓鼓的肚子和背部的曲线构成了完美的平衡，形成了漂亮、对称的流线体造型，再搭配上银色的外套、优雅的动作，真是一幅迷人的画面。如果你有能力置办一个大鱼缸，饲养几只水鼩将给你带来莫大的满足感。

所有的鼩鼱都很难养。这并不是因为谚语里是这么说的，而是因为这种小型哺乳动物新陈代谢非常快，如果没有食物，它们可能两三个小时就饿死了。它们只吃活的小动物，主要是昆虫，而且每天吃掉的食物远远超过了它们自身体重，所以养起来特别费心。在我写这本书时，我还从未成功地长时间喂养地栖的鼩鼱。我也曾偶然间得到过鼩鼱，它们可能都是因为生病了才被逮住的，很快就死掉了。我还从未得到过一只健康的鼩鼱。在哺乳动物的进化次序中，食虫目（Insectivora）动物的等级很低，因此比较行为学家对它们特别感兴趣。在食虫目动物中，我只对其中的一个代表算是比较熟悉，就是豪猪（Hedgehog）。这是一种非常有趣的动物，柏林的赫特（Herter）教授对豪猪的行为进行了非常详尽的研究。对于食虫目的其他动物的行为，人们几乎一无所知。因为它们都是夜行性、半地下生活的动物，没有办法在实地观测中研究它们，而且人工喂养特别困难，也没办法在实验室里研究它们。所以我决定把食虫目动物列入我的研究计划。

我首先从普通的鼹鼠开始。逮住一只健康的鼹鼠很容易，我岳父的苗圃里就有不少。而且我不用费什么事，就能够把鼹鼠养得很好。它刚来，我就把蚯蚓拿在手里喂它，它吃了一大堆蚯蚓，食量大得令人难以置信。但是作为行为学研究的对象，鼹鼠特别令人失望。当然，它也有不少有趣之处，比如能够在几秒钟内钻到地下去，我们还可以研究它如何高效地利用自己铲子一样的前爪。如果把它放在手里，还可以感受一下它惊人的力气。此外，如果我把蚯蚓放在地面上，即便鼹鼠在地下，也能凭嗅觉十分精确地定位这只蚯蚓。但这也就是我从这些观察中获得的所有成果了。它一点儿都没有被驯化，而且只有吃蚯蚓时才会到地面上来，然后就像潜艇入水一样，很快地钻回地下。我要买大量的蚯蚓才够它吃，不久我就厌倦了，几周后，我在花园里把它放生了。

几年后，我们去奥地利和匈牙利接壤的美丽的诺伊希德尔湖（Neusiedlersee）游玩。在那里，我又产生了喂养食虫目动物的想法。这片湖水距维也纳不到50公里，却是东欧和亚洲大草原上常见的那种湖泊。诺伊希德尔湖长50多公里，宽20多公里，最深的地方也只有1.5米深，平均深度很浅。几乎一半的湖面都长满了芦苇，是各种水鸟的理想栖息地。大群的白鹭、紫鹭、苍鹭和篦鹭（Spoon Bill）在芦苇中栖息。不久以前，这里还能看到彩鹮（Glossy Ibis）。灰雁的数量也非常多，而在湖的东岸，芦苇比较少，经常能看到反嘴鹬（Avocet）等比较罕见的涉禽。我说的这次出游，一行有十几名动物学家，我的朋友奥特·克尼格（Otto Koenig）经验丰富，担任向导。我们缓慢而艰难地在芦苇丛中跋涉，疲惫不堪。我们排成纵列前行，克尼格在最前面，我紧随其后，后面跟着几名学生，我们身后的灰色湖水中，留下了一条墨色的"航迹"。在诺伊希德尔湖的芦苇丛中跋涉，黑色的淤泥齐膝深，而且里面的细菌散发出的硫化氢味道，极其难闻。每次抬脚，又黏又滑的淤泥就会"啪"的一声掉下去。

就这样艰难地跋涉了几个小时后，你会发现身上多处肌肉都开始酸疼，而以前你从未意识到这些肌肉的存在。从膝盖到屁股，都浸在灰白色的湖水里，这里还有数不清的水蛭，它们都饥肠辘辘。就像古老的药方里所说的"Hirudines Medicinales Maxime Affamati"（药效最好的水蛭）。暴露在外的上半身也不能幸免，成群的蚊子包围上来，它们对你发起了疯狂的进攻，而你却无暇反击，因为你要用双手把茂密的芦苇拨开，只能偶尔拍一下脸上的蚊子。英国鸟类学家可能曾羡慕我们这里有罕见的鸟类，但他要是亲自来诺伊希德尔湖一趟，就会知道，在这里看鸟也不完全是一件令人羡慕的事。

在缓慢的行进中，克尼格突然停了下来，悄无声息地指着面前一处没有长芦苇的池塘。刚开始，我只能看到灰色的水、蓝色的天、绿色的芦苇，诺伊希德尔湖一带都是这样的风景。突然间，池塘中间出现了一只黑色小动物，像瓶塞一样浮出水面，几乎和人的拇指差不多大。动物学家很少能见到自己无法确认的物种，我却得到了这样一次机会：我不知道眼前的这种动物属于脊椎动物中的哪一种。在最初的零点几秒，我觉得它是某种水鸟的幼鸟，只是以前我没有见过。它好像有喙，像鸟一样在水面上游，而不像哺乳动物。它沿着很小的圈在游，就像是豉甲虫那样，留下很长的三角形尾流，这不像是块头这么小的动物所能做的。紧接着第二个小动物从水下浮了上来，一边发出蝙蝠那样尖厉的叫声，一边追逐第一个小动物。后来两个小动物都潜入水下不见了。整个场景也就持续了不到5秒钟。

我站在那里，目瞪口呆，大脑在不停地转动。克尼格转过身来，咧着嘴对我笑，淡定地把一只水蛭从手腕上拽下来，擦去伤口处的血痕，拍了一下自己的脸蛋，打死了三四十只蚊子。他以考官的口吻问我："刚才那是什么？"我尽可能冷静地回答："水鼩。"我在心中暗自感谢水蛭和蚊子，是它们给了我思考的时间。但我的大脑仍在快速运转：水鼩吃鱼和青蛙，为其准备充足的食物相对容易；水鼩待在地下的时间也比其他食虫目的动物少，它们才是最适合饲养的食虫目动物。"我一定要逮住它养起来。"我告诉自己的朋友。"太简单了。"他回答道，"我帐篷里的地毯下面就有一窝小水鼩。"我前一天晚上就睡在他的帐篷里，可是克尼格觉得水鼩的事不值一提。在他看来，这类生物太普通了，就像是从他手里吃食、身上带圆点的野秧鸡，在他的芦苇王国里，各种稀奇的生物太多了。

当天晚上回到帐篷里，克尼格让我看了一下那窝小水鼩。里面有8只小水鼩，还有它们的妈妈，可是我们刚掀开地毯，水鼩妈妈就跑掉了。与水鼩妈妈相比，小水鼩的体形已经很庞大。它们的体长有母亲的一半还多，每个小家伙的体重都有母亲的三分之一到四分之一。也就是说，这一窝小水鼩的体重之和至少是母亲的两倍多。但它们几乎还看不见东西，牙齿也刚刚在粉色的嘴里冒出尖。两天后，我开始照顾这窝小水鼩，它们还是吃不了什么东西，蝗虫柔软的腹部都吃不动，它们吃相很贪婪，不停地啃一块柔软的青蛙肉，却一点儿肉都没有咬下来。在回家的路上，我把蝗虫的内脏挤出来，把青蛙肉切成末，作为它们的食物，它们很喜欢吃。回到阿尔腾贝格后，我改善了它们的伙食：我把粉虫（Mealworm）幼体的内脏挤出来，把新鲜的小鱼切成丁，再用牛奶把这些肉混成肉汁。它们一天要吃好多肉汁。把盛食物的大瓷碗放到窝里，窝显得特别小。它们一天能吃三大碗肉汁。我不得不怀疑，水鼩妈妈怎么能够养活这么一大群孩子呢？显然，仅凭她的奶水是不够的。哪怕小水鼩吃的是高浓度的食品，它们每天的食量都和自己的体重相当，那么全部加起来，就相当于成年水鼩体重的两倍。但是水鼩妈妈把整条的鱼或整只的青蛙带回家，这些小水鼩又吞不下去。我养的小水鼩已经证明了这一点。我想水鼩妈妈只能把嚼过的食物喂给这些小家伙，才够它们吃。即便如此，水鼩妈妈居然能找到足够的食物，维持自己的生存，还能让自己贪吃的孩子够吃，也算得上奇迹了。

我把这些小水鼩带回家时，它们还看不见东西。所以一路上它们也不觉得难受，身体依旧肥硕，油光发亮。它们黑色的外衣闪着亮光，就像鼹鼠一样，但它们的腹部是白色的，身体浑圆，呈流线型，我联想到企鹅，这种相像并不是偶然的：流线型的身体和浅色的腹部，都是为了适应水中生活。很多在水中生活的动物，包括哺乳动物、鸟类、两栖动物、鱼类，腹部都是银白色的，这样在深水中游动的敌人就看不到它们。从下往上看，闪闪发亮的白色腹部就会和反射光线的水面融为一体。陆上动物背部和腹部的颜色也不同，但这两种颜色会在体侧逐渐地融为一体，避免强烈的颜色对比，这样它们就不易被发现。但水生动物的体色并不会在交界处融合。和虎鲸、海豚、企鹅一样，一条很显眼的分界线把水鼩白色的腹部和黑色的背部区分开，这条侧线看上去很漂亮。有趣的是，每只水鼩身上的黑白分界线都各不相同，甚至一只水鼩身体两边的侧线都不一样。这让我很开心，因为我可以根据侧线区分出每一只水鼩。

在抵达阿尔腾贝格3天后，我的8只小水鼩睁开了眼睛，它们开始很谨慎地四处探索自己的窝。该为它们搭建一处合适的家了。关于这个问题，我思索了很久。不能把它们放在普通的鱼缸里，因为它们一天要吃大量的食物，又要排泄很多，鱼缸里的水过一天就要发臭。水一定要是干净的，原因如下：对于鸭子、鹈鹕等所有水鸟，它们要想保持身体健康，就必须让自己的羽毛保持完全干燥；同理，水鼩的皮毛也要一直保持干燥。水被污染之后，很快就会变成强碱性的，这对水鸟的羽毛十分有害。羽毛表面的脂肪会皂化，而鸟就是靠脂肪防水的，羽毛没有了脂肪，鸟很快就会浑身湿透，没法浮在水面上。我创下过一项纪录：我在家里养了两只小鹛鹏，在将近两年的时间里它们都健康活泼，后来它们并没有死，而是逃走了，现在可能都还活着。据我所知，还没有哪个爱鸟者能打破我的纪录。养小鹛鹏的经历告诉我，一定要让水绝对干净，只要水有一丁点儿脏，我发现它们的羽毛就开始变湿，它们就开始焦虑地用嘴梳理羽毛，试图减缓这一过程。因此，我把这些小鹛鹏放在水晶一样清澈的水里，每天都换水，我觉得水鼩也应当得到同样的待遇。

我做了一个很大的鱼缸，长约1米，宽约0.6米。在鱼缸的两头，我放了两张小桌子，上面压上石块，这样桌子就不会浮起来。然后往鱼缸里注水直到水面与桌子的顶部平齐。最初，我并没有让桌子紧贴着鱼缸的玻璃内壁，害怕水鼩卡在桌下的死角里导致淹死；后来，我发现自己的担心是多余的。野生的水鼩经常在冰下游泳，而且能够在很困难的情况下找到破口钻出水面。我把它们的窝放在一个桌子上，窝是用一个盒子做的，配有滑动闸门。这样，在清理鱼缸时，我就能把它们关在窝里。每天早上，我都对鱼缸进行大扫除，这时水鼩一般都在窝里睡觉呢，所以大扫除也不会给它们带来什么不便。十分令我骄傲的是我创造性地设计出了合适的容器，来喂养以前没人养过的动物。为水鼩精心设计的鱼缸很好用，不需要做丝毫改动。

我刚把这些小水鼩放到鱼缸里时，它们花了很长时间探索自己窝边的桌面。它们似乎对水很感兴趣：一次又一次地来到水边，闻一闻水面，并用细长的胡须尝试触碰。在它们的尖嘴边上，长有一圈细长的胡须，看上去像光环一样，这不仅是水鼩最重要的触觉器官，同样是它们最重要的感觉器官。通常而言，鼻子是普通哺乳动物的主要感觉器官。不过，在水生哺乳动物身上，情况并非如此。水鼩等水生哺乳动物在水下捕食的时候，鼻子毫无用处。水鼩的胡须就像昆虫的触角那样敏感，像盲人的手指那样灵活。

和老鼠以及其他小型啮齿类动物一样，水鼩在小心地探索新环境时，每隔几分钟就会疯狂地冲回自己的地窝里，以确保安全。这种奇特的行为是为了提高自身的生存能力。水鼩要不时地确保自己没有迷路，能够尽快回到安全的地方。这些又矮又胖的黑家伙小心翼翼地往前爬，一直用胡须探路，突然间，它闪电一般地跑回自己的窝。奇怪的是，它们并不会直接从盒子上的小门进去，而是在冲到盒子边的时候，一下子跳到盒子顶上，然后用胡须探索盒子的边缘，找到入口，再翻半个筋斗进去，此时它们的背部几乎垂直朝下。在多次重复这套动作后，它们不需要再用胡子去试探，就能直接找到入口了。它们非常清楚门的位置，但仍然要先跳到盒子顶上再进门。水鼩一直就没明白，这么做完全是多此一举，它们本可以直接跑进门里。下面我还要详细地讨论水鼩的习惯性路线。

到了第三天，水鼩完全熟悉了它们所处的四方形“小岛”。这一天，这窝水鼩中最大、最富进取精神的那只大胆地进入水中。无论是哺乳动物、鸟类、两栖动物，还是鱼类，往往是体形最大、颜色最漂亮的雄性扮演领袖的角色。一开始，它坐在水边，前身探入水中，前腿快速地划水，可同时还用后腿紧紧地抓着桌子边。随着身体滑入水中，它突然惊慌失措，疯狂地往前游，就像被吓坏的小鸭子，一口气游到对面，跳上了对面的那张桌子。它非常激动地坐在那儿，用一只后爪抚摸自己腹部，就像河狸鼠（Coypu）或海狸那样（Beaver）。不久它就平静下来，安静地坐了一会儿。之后它再次来到水边，稍作犹豫便跳入水中；这次它潜入水底，在水下游得非常开心，时上时下，又沿着水底小跑，最后跳出水面，刚好回到它第一次下水的地方。

当我第一次看到水鼩游泳时，发现了一件特别吃惊的事：这个小家伙身上是一半黑一半白，可是在潜水时，它看上去却是通体银色。与海豹、水獭、海狸、河狸鼠等大多数水生哺乳动物不同，水鼩的毛与鸭子、鹏鹛的羽毛比较像，在水下是完全干燥的。也就是说，在水下时，水鼩身体表面有厚厚的一层空气。而刚才提到的几种水生哺乳动物，只有贴近身体的短绒毛是干的，表面的毛会变湿，所以这些动物在水下时，你看到的仍然是它们的自然毛色，它们出水后，身体表面都是湿的。我早就知道水鼩的皮毛具有防水的特性，所以如果仔细想想，就应该能分析出来，水鼩在水下应该和水生甲虫或水蜘蛛一样，腹部有能保存空气的软毛。不管怎样，对我来说，能看到水鼩漂亮的透明银装，也是一个小小的惊喜，这是大自然为其仰慕者准备的礼物。

还有一个特别的细节，也是在我看到水鼩下水之后才发现的：它们第五趾的外侧和尾巴的背面有一排能够竖起来的硬毛。这就形成了可折叠的桨和舵。只要水鼩在干燥的地面，这些硬毛就会收起来，毫不显眼。可是，就在水鼩下水的一瞬间，这些硬毛就会张开、铺平，提供有效的驱动力并起到尾舵的作用。

在陆地上，水鼩看上去和企鹅一样笨拙，但入水之后，它们就完成华丽的转身，成为优雅的典范。水鼩走路时，下腹圆鼓鼓的，让人不禁联想到贪吃的老达克斯猎犬。但是到了水下，水鼩圆鼓鼓的肚子和它背部的曲线构成了完美的平衡，形成了漂亮、对称的流线体造型，再搭配上银色的外套、优雅的动作，真是一幅迷人的画面。

后来，所有的水鼩都开始嬉水了。这时，养水鼩的鱼缸成为我们研究站最主要的景点，到访的博物学家和动物爱好者都过来参观。大多数小型哺乳动物都是夜行性的，但水鼩基本上是昼行性的，除了凌晨时分，总有三四只水鼩在外面玩耍。它们在水面和水下的行为都十分有趣。就像喜欢打转的豉虫（Gyrinus）那样，水鼩能够高速地转着圈游动，而且圆圈半径很小，显然，带有可折叠硬毛的尾巴起到了关键作用。水鼩有两种不同的潜水方式：一种是像䴙䴘或水鸭那样，先往上跳起，然后一头扎进水里，直直地潜下去；另一种是把鼻子探到水下，然后用爪子快速划水，直至达到一定速度再全身入水，就像飞机起飞的方式，只不过水鼩是倾斜着下潜，而飞机是倾斜着上升。要想待在水下，水鼩肯定要花费不少气力，因为它皮毛中的空气会产生很大的浮力。水鼩很少直着身子往下潜，斜着身子时，水鼩必须一直保持稳定低速，才能避免浮上水面。在潜泳时，水鼩会以一种奇怪的方式把自己的身体摊平，这样就能与水形成一个很好的受力平面。据说河乌（Dipper）会用爪子抓着水底的东西，但我从没见过我养的水鼩这么做。看上去它们似乎是在鱼缸底部爬行，其实它们是紧贴着缸底游泳。不过，也许是因为水底的沙砾比较平坦，也不利于水鼩借力，所以当时我并没想到要往水底放些凸起的石块。它们一进到水里，就开始嬉戏，要么在水面上相互追逐，把水弄得哗哗响，要么在水下悄无声息地打闹。它们能够像水鸟那样浮在水面，而其他任何哺乳动物都做不到。它们经常一边侧身翻滚一边打扮自己，它们一出水就开始清洁自己的皮毛——人们更愿意说“梳理”而非“清洁”，因为它们的行为和刚出水的鸭子很像。

水鼩在水下的捕食方法最为有趣。一开始，水鼩沿着不规则的路线游动。突然间，它向着直线方向飞快地冲刺二三十厘米，然后就开始降低速度转圈。据我观察，在沿直线快速游动时，水鼩的胡须紧紧贴在头部，但在转圈时，胡须都竖起来，四散开，以便探测到猎物。我觉得，水鼩在捕猎时，基本用不到自己的视觉，至少在使用胡须之后就用不到了。我把活的蝌蚪或小鱼放到鱼缸里时，水鼩可能看到了，但是在真正捕杀猎物的时候，水鼩完全依靠触觉，也就是它鼻子上四散的胡须。自然界中，某些小型鲶鱼也用同样的方法寻找猎物。鲶鱼沿着直线快速游动时，嘴部周围长长的触须也贴在身上，但是感到周围可能有猎物时，鲶鱼的触须就会像水鼩的胡须那样伸直、张开，然后开始胡乱旋转，以便触碰到猎物。水鼩甚至不一定非要真的用胡须碰到猎物。小鱼、蝌蚪或水生昆虫的运动会造成水波振动，在距离很近的时候，水鼩敏感的触觉器官可能会感知这种振动。无法仅凭观察来证实这一点，因为水鼩捕食的动作实在太快了，人眼根本看不过来。水鼩头部一扭，猛咬一口，然后就开始往岸边游，这时猎物已经在它嘴里挣扎了。

尽管个头不大，但水鼩十分凶悍。所有脊椎动物中，水鼩或许是最恐怖的捕食者。水鼩的凶悍程度甚至能与无脊椎动物相提并论，包括本书第三章中提到的凶残的龙虱幼虫。A·E·布雷姆（Brehm）研究发现，水鼩能咬坏大鱼的眼睛和脑子，把体重超过自己60倍的大鱼杀死。这种情况发生在鱼缸里，因此鱼无处可逃。诺伊希德尔湖的渔民也向我讲述过同样的故事，他肯定不知道布雷姆的发现。有一次，我给自己的水鼩喂了一只大青蛙，后来再也没这么做过，因为我实在不忍心目睹后续的残忍场面。当时，有一只水鼩在水里碰到了这只青蛙，立即就开始追赶，水鼩一次又一次地咬住青蛙的腿，又接连被青蛙踢开，但水鼩并没有放弃进攻，最后迫使青蛙绝望地跳出水面，落到了桌子上。这时另外几只水鼩马上过来帮忙，咬住了青蛙的腿和臀部。这时，可怕的情况出现了：它们开始活生生地分食青蛙，从各自咬住的地方下嘴。一众水鼩开始大嚼青蛙肉，可怜的青蛙呱呱叫起来，令人心碎。我不得不立即终止这项实验，把血肉模糊的青蛙救出来。后来，我再也没有给水鼩喂过体形比较大的动物，只喂那些可以被水鼩一两口就咬死的动物。大自然有时真的非常残忍，大型猛兽往往能迅速杀死猎物，但它们这么

做并不是出于怜悯之心。狮子必须很快终结一只大羚羊或水牛的性命，以避免自己被弄伤。这些野兽每天都要捕猎，即便一次捕食受到一点小擦伤，它们也难以承受。因为伤口积攒得多了，野兽就没办法捕猎了。由于同样的原因，巨蟒（Python）和其他大蛇也用很快、很“人道”的方法杀死身强体壮的哺乳动物。不过，如果受害者对杀手构不成什么威胁，那么杀手就不会有丝毫心软。豪猪凭着一身的尖刺，根本不怕蛇咬，豪猪吃蛇时往往从蛇尾开始，或者从蛇的身体中间开始，水鼩也以类似的方式对待毫无反击能力的猎物。可是，人类不应当对无辜的残忍生物妄加评论，人类为了取乐而猎杀，又给生物带来多大的伤害呢？

水鼩的思维能力并不强。它们挺温顺，也不怕我，我把它们拿在手里时，它们不会咬我，也不会逃避，但如果我把它们攥在手里太久，它们会试图钻出去。即便我把它们从鱼缸里拿出来，放到大桌子上或者地板上，它们也绝不会惊慌。我用手喂它们食物，它们就会过来吃，有时甚至还会主动爬到我手中，似乎是想得到保护。在鱼缸外的陌生环境中，如果我把它们的窝——那个盒子放到它们眼前，它们会认出来那是它们的家，立即奔过去，如果我一直把盒子举在它们头顶上，让它们够不到，它们就会抬着头一直往前追。总之，我为自己感到骄傲，因为我驯服了鼩鼱。

在熟悉的环境中，我的水鼩会严格按照习惯行事。我在上文已经讲到过它们的保守倾向：它们回家时要先爬到屋顶上，然后翻个筋斗从门里钻进屋，这种方法真是不实用。下面我再详细讲讲它们恪守习惯的特性。特别是水鼩的行路习惯，具有惊人的永恒性，用“苗歪树不直”这个谚语来形容水鼩的习惯，是再恰当不过了。

处于不熟悉的环境时，水鼩从来不会快跑，除非它们处于极度惊慌之中，这时它们会慌不择路，撞到东西上，最后被陷在死胡同里。但是，只要不是极度受惊，处于陌生环境时，水鼩会一步一步地向前挪，一直用胡须左右试探，而且绝对不会走直路。如果水鼩是第一次走某条路线，那么最终的路径是一百种偶然因素决定的。但是在重复几次后，水鼩就会记住这个地方，而且会精确地重复上一次的行动。与此同时，你还会发现，水鼩在重走经过的路线时，速度会快很多。如果把水鼩放在一条走过几遍的路线上，它一开始会走得很慢，小心地用胡须试探。突然间，它找到了熟知的方向，就会往前猛冲一段距离，精确地重复它上次的每一步、每一个转向。当它到达一个不再熟悉的地点时，就又开始用胡须试探，一步一步向前摸索。不久，又是一阵猛跑，之后又是一段摸索，就这样，一直快慢交替着前进。在探索路线的初始阶段，水鼩的平均前进速度很慢，快速前进的次数很少，距离也短。逐渐地，水鼩“烂熟于心”的路段变得越来越长，数量也增加了，直到这些路段都连接到一起，这时水鼩就能不间断地跑完整个路线。

一条路线习惯中会有一些比较难于识别的路段，水鼩到了这里总会失去方向，重新依靠嗅觉和触觉，不停地用鼻子和胡须试探，以便找到熟路的“接入点”。一旦水鼩形成了完整的路线习惯，它就会严格遵守路线，就像火车沿着铁轨那样，几厘米都不会偏离。如果它偏离路线两三厘米，它就会立即停下来，开始重新寻找方向。还可以做另一个实验，来证实它的这种反应，方法是在它习惯的路线上做出一些小小的改变。如果改动过大，水鼩就会茫然失措。前文提到，鱼缸内的木桌上压了两块石头，这两块石头刚好离鱼缸侧壁很近。水鼩在沿着侧壁跑时，习惯了跳到石头上再跳下去。如果我把这两块石头从路线上移开，放到桌子中间，水鼩到原来放石头的地方，就会跳到空中，然后“砰”的一声落在桌子上，这时它会很不安，开始用胡须谨慎地左右试探，似乎遇到了未知环境。它们之后的行为非常有趣：它们原路返回，仔细地感知自己的位置，直到重新找到方位。然后它们会回过头来，再次猛跑、起跳、跌落，就像几秒钟前的回放一样。直到这时，它们似乎才悟出来，第一次摔落并不是因为自己的失误，而是因为熟悉的路线发生了变化。现在它们开始探索变化之处，谨慎地用鼻子嗅、用胡须试探原来放石头的地方。这种从头再来的方法，不禁让我想到一个小男孩的样子，他在背诗时卡住了，于是又从前一句重新开始。

包括老鼠在内，很多小型哺乳动物形成路径习惯的过程，比如学习走迷宫，和水鼩的行为很像；但老鼠的行为体现出更好的适应性，老鼠绝对不会往一块已经不存在的石头上跳。不相信当前感知到的情况，仍然依赖活动习惯，是水鼩最显著的特性。如果感官告知水鼩环境发生变化了，它需要立即修改活动习惯，水鼩会怀疑自己的感官。如果是在一个陌生的新环境中，水鼩绝对能够看到那么大小的石头，能够根据环境避开，或者从石头上跳过去；可是，一旦水鼩形成了一种习惯，并且这种习惯已经根深蒂固，习惯就胜过一切。水鼩俨然成为习惯的奴隶，我还不知道有哪种动物像水鼩这样恪守习惯。

几何公理告诉我们，两点之间直线最短，可是在水鼩看来并非如此。它们永远觉得两点之间最短的路线，是它们的习惯路线。而且某种程度上说，它们恪守自己的原则也是正确的。它们如果沿着直线走，需要不停地用鼻子嗅，用胡须试探，反倒是沿着习惯路线行进的速度更快，比走直线更早到达终点。它们会遵循习惯的线路，哪怕这个线路多次自相交叉。老鼠很快就会发现自己在绕不必要的弯路，但水鼩却无法发现，就像玩具火车没法在十字路口直接右转一样。要改变路线，水鼩就必须改变整个线路习惯，这可不是一下子就能实现的，而是要在很长的一段时间内逐渐改变。如果线路中有一个环形的绕弯，水鼩要花好几周才能让这个弯缩短一些，但过了几个月，这个弯也不会变成直线。这种线路习惯显然也有其优点：水鼩的眼睛几乎是瞎的，依靠习惯，它就丝毫不用浪费时间来寻找方向，在路线上能跑得相当快。可是，在特殊情况下，这种习惯又会给水鼩带来致命危险。

曾经有报道称，水鼩在跳入刚刚干涸的池塘时，把自己的脖子撞断了。尽管水鼩可能会遭遇此类不幸，但也不要因为水鼩解决空间问题的方式与人类不同，就轻易地就说水鼩愚蠢，这么说有些目光短浅。如果你深入思考，就会觉得这是件很奇妙的事情，两种大相径庭的方式，却殊途同归，都能很好地抵达目的地，一种是认真的观察，就像我们人类所做的，另外一种是在头脑中记住特定区域的所有地物地貌，就像水鼩所做的。

我养的这窝水鼩数目不少，它们之间的关系挺融洽的。尽管它们之间经常在玩耍时相互追逐，情绪都很激动，但我从未见过它们之间真正打斗过。不过，后来发生了一件不幸的事：有一天，我清洁完鱼缸后，忘记把它们的窝门重新打开。当我记起这回事，时间已经过去了3个小时。对于食虫目的小动物，由于它们新陈代谢很快，这段时间已经很长了。门一开，所有的水鼩都冲出来，直奔食物盘。它们急着出来，把粪便都弄到了自己身上，它们肯定还排出了某种气体，因为它们出门时带着一阵类似于麝香的强烈气味。虽然它们饿了3个小时，但看上去也无大碍，于是我就去忙别的事情了。可没过多久，当我又回到鱼缸附近时，却听到了非常尖厉的叫声，我发现8只水鼩正进行殊死搏斗，两只已经奄奄一息。我马上把它们分别放到了不同的笼子里，可是还是有两只当天就死了。为什么它们之间会突然爆发如此激烈的战斗？我也搞不清楚真正的原因，我猜测可能是它们身上的气味突然发生了变化，变得谁也不认识谁了，于是就开始相互打斗。过了一阵，4只幸存者平静下来，我让它们在鱼缸里重新团聚，也不用担心又会出什么事。

这4只水鼩我又养了4个月，它们一直很健康，如果不是替我喂养它们的助手犯了错，它们还会活得更久。有一次，我去维也纳办事，傍晚回来时，看到了我的助手。他平时办事都挺可靠的，可是这次他见到我时，脸变得煞白，他记起来自己忘记喂水鼩了。4只水鼩都还活着，但都很虚弱；我们赶快给它们喂食，它们大吃特吃，可是，没过几个小时，它们还是都死掉了。也就是说，它们的症状和我以前想要养的鼩鼱相同。这证实了我之前的猜测：我开始收养那些鼩鼱时，它们都已经快要饿死了。

如果你是高水平的宠物饲养者，有能力置办一个大鱼缸，最好提供流动的水，如果还能弄到足够的小鱼、蝌蚪或者类似的小动物，我强烈推荐你养水鼩，它们非常有意思，能给你带来莫大的满足感。当然，水鼩比较难伺候。只有在没有更好的食物时，它们才会吃生的切碎的内脏（内脏常常被用来代替活的小动物），而且不能长期作为唯一的食物。另外，绝对要保持水质的清洁。如果你能满足这些明确的要求，水鼩不仅能够活下去，而且会茁壮成长，它们甚至有可能在豢养环境中繁衍后代。

第十章 契约

没有什么忠诚能永远恪守，唯一例外就是一只真正忠诚的狗。狗对主人忠贞不渝有两个原因：一方面，每一只野狗都有服从狗群首领的天性。另一方面，在高度驯化的狗身上，其最初对母亲的爱已经转化为对主人的爱。这两种感情的强弱程度，在不同犬种上的体现，就决定了狼性犬和豺性犬的关键区别。

在新石器时代初期，出现了第一种家畜——一种半驯化的小狗，它是金豺（Canis Aureus）的后代。在这一时期，西北欧地区可能已经没有豺的踪迹，却发现了狗的遗骸。种种迹象表明，这时狗已经完全和人类居住在一起了，湖边的居民还在迁徙时把狗带到了波罗的海边。

但石器时代的人类是如何驯化狗的呢？很可能是无意之间实现的。石器时代早期的人类部落四处游猎，而整群的豺就尾随其后，把宿营地包围起来。就像印度贱狗那样，人们搞不清楚这些狗到底是家狗跑野了，还是野狗刚刚开始驯化。对于这些吃残食的家伙，我们的祖先并没有过多防备，就像今天的东方人那样乐天知命。对于石器时代的猎人，大型猛兽才是严重威胁，因此人们一定很乐意宿营地周围有一圈豺守护，这样一来，当剑齿虎或者洞熊靠近时，豺群会大声吠叫，惊醒人类。

后来，在某个时期，豺群除了担任哨兵，又扮演起打猎助手的角色。豺群一直跟在猎人后面，希望得到人类不要的动物内脏。不知什么时候，豺群跑到了猎人前面，开始追踪猎物，甚至会把猎物逼到绝路。很容易想象，史前的狗是如何开始对大型动物产生兴趣的。最初，豺对牡鹿或野马的气息没什么兴趣，因为仅凭自身力量，它根本就没有办法杀死这些野兽。不过，我们可以做出以下假设：豺经常吃到人类丢弃的大型野兽的内脏和骨头，于是豺有动力在闻到野兽的气味后，跟在后面，因为这可能让它想起一顿饱餐。豺甚至有可能凭着自己的智慧，想到一个好“主意”：让人类也注意到猎物的踪迹。知道何时可以依仗强大的朋友，狗在这方面的敏锐相当惊人。我家的法国斗牛犬（French Bulldog）个头很小，胆子也很小。可是，如果它和强大的朋友——一只大块头的纽芬兰犬在一起时，它遇到什么狗都敢攻击。因此，假定原始的豺狗不用人类有意训练，就能掌握跟踪大型动物，并且围困猎物的技能，这并不算夸大豺狗的智力。

我时常有这样的想法：人类与狗之间存在一项古老的契约，双方是在自愿的基础上“签订”的，谁也没有强迫谁。

我觉得这种想法特别美好。其他的所有家畜，就像古代的奴隶那样，是被囚禁了一段时间之后才成为人类的仆人。不过，猫是个例外：因为猫并不是一种真正驯化的动物，猫的最大魅力在于，时至今日，猫仍然独来独往。狗和猫都不是奴隶，但只有狗是朋友——顺从听话、任劳任怨的朋友。在经历了几百年的逐渐发展后，犬类中“优秀”的种类开始选择人，而非狗作为它们群体的领袖。在多数情况下，狗会选择人类部落的首领。即便是今天，狗仍然把“户主”视为其主人，特别是个性比较猛烈的狗。在哈士奇等其他较原始的种类中，往往会形成一种更复杂的、间接的效忠关系。在一群狗当中，有一只会担任狗群的首领，其他狗都“忠诚于”并“尊敬”这只狗，而只有作为首领的狗，才是真正意义上属于主人的狗；严格地讲，其他狗都听从于首领狗。如果你去读杰克·伦敦（Jack Londm）的作品，在字里行间，你会发现他的描写非常真实，雪橇狗群中就存在这种典型的关系，在石器时代，原始的豺狗群中极有可能也存在这种关系。可是，对于现代的狗，你会发现一个有趣的现象，那就是它们都不乐意把一只狗视为其主人，而是积极地寻找某个人作为“首领”。

最为有趣、又最让人困惑费劲的一个现象是，一只狗如何选择主人。往往就在几天之内，狗和主人之间就形成了纽带，比任何个人之间的关系都要密切很多倍。华兹华斯曾写道：

感情之浓烈，

超越人类的所有想象。

没有什么忠诚能永远恪守，唯一例外就是一只真正忠诚的狗。在我知道的所有狗当中，最忠诚的狗身上，不仅流淌着金豺的血液，还流淌着狼的血液。很久以前，北方的狼（Canis Lupus）通过与已经驯化的豺杂交，把基因留在了当今狗类祖先的血液中。有一种广泛流传的观点认为，在大型狗类的血缘中，狼起到了关键作用。与此相反，比较行为学研究发现，所有的欧洲狗，包括体形庞大的大丹犬（Great Dane）和猎狼犬（Wolfhound），都是纯种的豺狗（Aursus），血液中包含着极少的狼的血缘。现有的最纯种的狼狗，特别是所谓的雪橇犬（Malemut）和哈士奇（Husky），都是美洲北极地区的品种。格陵兰的爱斯基摩犬（Esquimaux Dog）身上也只有一丝豺的特性，而欧亚大陆北极地区的品种，比如莱卜兰犬（Lapland Dog）、俄罗斯莱卡（Russian Lajkas）、萨摩耶（Samoyedes）和松狮犬的身上包含更多的豺性。不管怎样，后面提到的几种狗，身上更多地传承了祖先特征中狼的一面，它们颧骨都很高，眼睛是斜的，鼻子略微上翘，所以它们的面部表情很像狼。当然，松狮犬一身火红色的外衣，又毫无疑问地体现出血液中豺的一面。

狗如何“签署盟约”——最终选定自己的主人，是一个难解之谜。这往往突然发生，就在几天之内，特别是刚从狗窝出来的小狗。在狗的整个生命中，这个“易感染期”发生的时间也有所不同，如果是豺性犬，是在8~18个月大之间，如果是狼性犬，大约是6个月大时。

狗对主人忠贞不渝，有两个原因。一方面，每一只野狗都有服从狗群首领的天性。家狗把这种天性一股脑儿地转移到了人类身上。另一方面，在高度驯化的狗身上，还体现出另外一种爱。家养动物与野生祖先之间存在不少区别，主要区别是家养动物永久性地保留了野生祖先年幼时的体形和行为特征。狗的很多特征，比如短毛、卷曲的尾巴、下垂的耳朵、圆形的头顶，短短的嘴巴，都是证据。在行为方面，家狗对主人特别的依恋，就源自年幼野狗的特性。年幼的野狗十分热爱自己的母亲，可是在成年后，这种感情就完全消失了，但在高度驯化的狗身上，这种感情成为永久性的心理特征。最初对母亲的爱，转化为对主人的爱。

因此，狗对人类的感情有相对独立的两个来源：一个是对首领狗的忠诚转移到了人身上，一个是对母亲的依恋之情得以永久性保留。这两种感情的强弱程度，在不同的狗身上，有不同的体现，这就决定了狼狗和豺狗性格的关键区别。与豺相比，在狼的生活中，群体的作用更重要。豺基本上是孤独的猎手，活动区域有限，而狼群在欧洲北部的森林中四处游荡，非常团结、排外，能够患难与共，群体的每个成员都会为了同伴而殊死搏斗。总有人说，狼群中会发生狼吃狼的事情。我强烈怀疑这种说法，因为雪橇犬无论如何都不会这样做，哪怕它们都要饿死了。这种意识显然不是人类灌输的。

狼的排外性很强，而且会不惜代价相互保护。狼性犬身上都体现出了狼的性格，使它们胜过豺性犬，后者见到每个人都是一副“您好幸会”的态度，不管是谁握着狗链，都会乖乖地跟着走。相反，狼性犬一旦对某人宣誓效忠，就永远是他的狗了，见到陌生人连大尾巴都不会摇一下。如果你曾经拥有一只矢忠不二的狼狗，肯定就再不会喜欢纯种的豺狗。不幸的是，狼性犬这种优点也可能让自己吃亏，矢忠不二也有消极的一面。一只成年的狼性犬绝对不会成为你的狗，这是显而易见的。但更坏的情况是，如果他已经是你的狗了，可是你又不得不离开它，它就会精神失常，既不会听你妻子的话，也不会听你孩子的话。在悲痛之中，它意志消沉，沦为街头一只无主的恶狗，放松了杀生的戒律，犯下累累恶行，祸害乡里。

此外，一只狼性犬，即便十分忠诚于你、爱你，它也不会特别听话。它可以为你赴死，却不一定会听你的话：至少我从来没法让这种狗绝对服从我——或许比我更厉害的驯狗师能做得更好。因此，走在城市的街道上，你很少会看到松狮犬紧跟着主人一起走，除非主人用绳子牵着它。如果你带着一只狼性犬在树林中散步，你没办法让它紧跟着你。它会和你保持松散联系，偶尔过来陪你一下。

豺性犬就不会这样，因为豺性犬很久以前就被驯化了，对主人的孺慕让它成为听从管教的伴侣。狼性犬勇敢忠诚，却不顺从，而豺性犬甘当你的奴仆，日日夜夜，无时无刻不在等待你的号令，再小的事也会坚决执行。你带狗出门散步时，如果这只狗是高度驯化的豺性犬，即便它没有受过训练，也会跟在你身边，无论它在你前方、后方，还是侧方，都会和你保持一定的距离，根据你的步伐调整自己的速度。它天性顺从，只要你叫它的名字，它就会过来，不是因为它想过来，也不是因为你哄它了，而是它知道自己必须过来。你的叫声越大，它过来得越快，可是如果你叫一只狼性犬，它根本不会过来，它总会在远处以友好的姿态，向你致意。

尽管豺性犬的温顺很讨人喜欢，但不幸的是，它们身上的幼稚气也会让主人心烦。在狗群中，小于某个年龄的幼犬拥有“特权”，任何情况下，其他狗都不能咬它。因此小狗往往对谁都很信任，和谁都撒欢胡闹。有些被惯坏的人类小孩，见了大人都叫“叔叔”。这些小狗也一样，无论是遇到人还是动物，都喜欢纠缠对方，一起嬉戏。如果成年的家狗还保持这种孩子气，就会特别讨人嫌，显得没有一点儿“狗性”。最坏的结果是，这些狗觉得谁都是“叔叔”，如果有谁对它稍稍施以颜色，就会变得“狗一样”顺从，淘气的爱慕瞬间转变为屈膝奉承。所有人都见过这样的狗：它们要么不停地蹦跳，让人心烦，要么一个劲儿地往你身上爬，躺在地上，四脚朝天，乞求你可怜，中间没有任何过渡状态。狗在你身上乱爬，弄得你从头到脚一身狗毛，你担着冒犯女主人的风险，对狗怒吼。狗应声躺倒在地上，可怜兮兮的。你过意不去，为了取悦女主人，对狗说了几句好话，这个畜生又立即跳了起来，对着你的脸一阵舔，开始不停地往你裤子上蹭狗毛。

这种狗把谁都当作主人，很容易被诱拐，因为随便一个陌生人，只要对它好言好语，它就会轻信。当然，这么容易就到手的一只狗，我觉得你也可以留着它。即便是那些长相漂亮、体形优美的猎犬，“耳朵下垂，扫落了晨露”，也不合我的口味，因为不管是谁，只要手里有杆枪，猎犬都会跟他走。不过也得承认，就是因为谁都可以当猎犬的主人，猎犬才有用，要不然，就没有人去买已经训练好的猎犬，也不会有人把自己的狗送到专业的驯狗师那里训练。显然，只有当狗完全服从和信任某人时，它才能被训练。当你把狗交给驯狗师时，就已经破坏了你与狗之间的契约。即便驯狗师把狗送回来，狗再次恢复对主人的忠诚，但是两者之间的关系其实已经遭到了巨大的破坏。

如果你把狼性犬也送去训练，它可能很倔强，什么也学不到，甚至还会用自己的坏脾气，让驯狗师心烦意乱；另一种可能是，狗被送去训练时，年龄还足够小，还没有明确效忠的对象，那么毫无疑问的是，狗的主人永远属于驯狗师。因此，你根本买不到训练有素的狼性犬。离开了它选择的主人，狗就根本不像是受过训练的。狼性犬会无条件地永远跟着一位主人。如果它没有找到主人，或者失去了主人，它就会成为一只独立自主的狗，就像猫那样，虽然和人生活在一起，但不会对人产生任何真正的感情。很多北美雪橇犬都处于这种状态，从来没有人唤醒它们内心深处的情感，除非遇见杰克·伦敦这样的知音。中欧的很多松狮犬也是如此。因此很多爱狗的人都鄙视松狮犬，兽医也不喜欢它们。松狮犬经常会像上文说到的那样“变成猫”，因为它们遇到的第一个真爱并不如意，而它们又不会再爱第二个人。松狮犬在特别小的时候就会宣誓效忠。而豺性犬，比如艾尔谷梗狗或者德国牧羊犬，无论其性格多么坚定，只要它们还没超过一岁，一个全新的主人也能赢得它们的爱。当然，如果你要得到松狮犬或者其他狼性犬确定无疑的忠诚，你必须从它很小的时候就开始养。根据我长期养松狮犬的经验，松狮犬4个月时你就得领养它，最迟不超过5个月大。不过你也不用担心要付出太多，因为与豺性犬相比，狼性犬在很小的时候就表现出驯化的特点。狼性犬最讨人喜欢的一点，就是它像猫那样，天性爱干净。

读者看了这段对犬类性格的分类描述后，可能会觉得我把爱全部都给了狼性犬，其实并非如此。迄今为止，没有哪种带有狼性血缘的狗像我家无可比拟的德国牧羊犬（一只豺性犬）那样对主人绝对服从。诚然，狼性犬拥有猛兽的高贵品质，它见到陌生人总是傲慢而冷漠，它对主人有无尽的爱，而且它用无声的行动表达自己深厚的爱意，这些品质都是豺性犬所不具备的。不过，这两类品质是能够结合起来的。当然，驯狗的人无法让狼性犬一下子赶上豺性犬，因为豺性犬驯养历史超出狼性犬数千年。但我们还是可以寻找别的方法。

几年前，我和妻子各养了一只狗，我的狗是前文提到过的提托，我妻子养的是一条雌性的小松狮犬，名叫佩吉（Pygi）。两只狗都是各自族群中的典型，分别代表豺性犬和狼性犬。它们还以它们的方式导致我们家庭不和。

我妻子因为提托而有一大串理由看不起我：提托会很开心地欢迎每一位访客；它常常从水坑中跑过去，浑身是泥，然后满不在乎地跑进我家最好的房间撒欢；它的卫生习惯很不好，如果我们忘了把它放出去，房间就会遭殃；它会犯下一百种小错误，而狼性犬无论如何都不会犯这些错误。此外，我妻子还说，提托简直没有自己的生活，犬只是主人的影子，没有灵魂。犬一天到晚躺在书桌边，用渴望的眼神看着主人，等待下一次散步，让人心烦。“影子！”“没有灵魂！”“提托你可真是条狗！”我反击道：我就是要养一条狗，哪怕没有时间带它出去遛弯，为什么养狗呢？不就是要它听主人的话嘛。佩吉的确只忠于一人，但是只顾自己跑去打猎——你带佩吉去树林里散步，有哪次佩吉跟着你回来过？佩吉根本就不是狗，更像一只猫。你还不如开始就养一只暹罗猫（Siamese Cat）呢，暹罗猫更特立独行、更爱干净，而且它是一只确确实实的猫。妻子也不甘示弱，反击道：你的提托也算不上狗，它充其量也就是维多利亚式小说里多愁善感的角色。

这种争吵是玩笑，也有某种认真的成分，最终得到了最自然的解决方案。提托有个儿子叫布比（Booby），它和佩吉这只雌性松狮犬结合了。妻子可不同意这门婚事，她本来想培育纯种的松狮犬。只是我们有了新发现，狼性犬还有一个特性，让我妻子的想法难以实现：母狗对某一只公狗，有一夫一妻般的忠贞不渝。妻子带着佩吉，几乎寻遍了维也纳地区的所有松狮犬，希望至少会有一只能讨得佩吉的欢心。可是一切努力都白费了——佩吉对所有追求者狂吠，它只想得到布比。最终它得到了，更准确地说是布比得到了佩吉，佩吉被关在一扇厚厚的木门后面，而布比把木门撞破，得到了挚爱。

此后我们就得到了一群松狮犬和德国牧羊犬杂交的后代。这要归功于佩吉，归功于它对身材高大、和蔼可亲的布比的真爱。读者应当认可我对这一过程的忠实记录。我本想这么写："我对狼性犬和豺性犬固有的优点和缺点进行了深入的分析，之后决定进行杂交实验，以便将两者的优点结合起来。实验非常成功，超乎想象。一般说来，杂交种会继承父母双方的缺点，可是在本次实验中，在十分确切的指标上，我得到了相反的结果……"就成功而言，这么说是对的，但我必须指出，这一切都是在我们没有事先规划的情况下发生的。

现在，我家养的狗只有很少的德国牧羊犬血脉，因为在我出去打仗的时候[1]，家里的狗曾两次与纯种的松狮犬交配；因为如果不这样，我们家的狗就得近亲交配了。尽管如此，在心理特征上，我家的狗仍然显示出受提托的影响。这些狗比纯种的松狮犬更可爱，更容易训练。不过从外表上看，只有专家才能看出德国牧羊犬的基因。这些杂交的狗在战争中幸免于难，我打算接着培育这些狗，继续执行我的计划，培育出一种具有理想性格的狗。

现在，世界上狗的品种已经很多了，还有必要再培育出一个新的品种吗？我觉得有必要。当今，对于人而言，狗的价值主要体现在心理方面。很少有人养狗是为了某种实用的目的，猎人、警察等算是例外。我养狗的乐趣，和养渡鸦、灰雁等野生动物的乐趣一样，它们让我在乡间散步时十分开心；通过它们，我又与无意识的全知者即自然建立起密切的联系。人类得到了文化和文明，代价是隔断了与自然的联系，只有这样人类才能实现意志的自由。可是，我们总是渴望回到失去的天堂，其实就是在自觉与不自觉之间，希望恢复这种关系。因此，我需要的狗，不是什么时髦的幻想，而是想得到一个生灵，它不是科学的产物，也不是人工繁育的

① 1941年，本书作者洛伦兹被征召进入纳粹德国国防军，担任军医。1944年，洛伦兹被派往苏联战场，不久就被苏军俘虏。1944年至1948年，洛伦兹作为战俘滞留苏联，后被遣返奥地利。——译者注

新花样，而是一个自然的生灵，一颗未经扭曲的灵魂。不幸的是，没有哪几种狗能满足这个条件，那些已经“现代化”的种类都不够格，因为人们在培育这些狗时，只是看重它们的某些外貌特征。迄今为止，凡是这么培育出来的狗，心灵都遭受了创伤。我希望得到相反的结果：我之所以培育狗，是想把狼性犬和豺性犬的心理品质结合起来，得到性格完美的狗。我想培育的狗，能够提供困在城市中的可怜的文明人迫切需要的品质！

我们不要自欺欺人了，还是承认这一点吧：我们养狗并不是为了看家护院。我们需要狗，但并不需要它做看门狗。至少，在阴郁的国外城市时，我需要狗的陪伴，只要它在，我就会觉得内心特别安全，就像儿时记忆中的那种安全感，就像是马上回到自己家乡时的那种感觉，对于我，是蓝色多瑙河之畔，对于你可能是多佛的白石崖（White Cliffs）。现代生活熙熙攘攘、忙忙碌碌，一个人需要时不时得到提醒，确认还没有迷失自我。

第十一章

长年的住户

无论是秋天还是温和的冬日，寒鸦都会唱着春天的歌，绕着尖尖的屋顶飞翔。它们不会舍弃自己的家，长年居住在此，忠实地遵守第一批寒鸦留下的传统，代代相传。寒鸦丰富多彩的一生为动物观察者提供了宝贵的资料，它们不屈的斗争精神也给人们带来更多生活上的启示。

如果，我们经手的有些东西，
能活能动，在未来有用，足矣。

——《追思》，华兹华斯

秋风在烟囱里唱着萧瑟之歌，书房窗前的老冷杉树也起劲儿地挥舞臂膀，大声合唱，尽管隔着双层玻璃，我依然可以听到它们哀怨的歌声。突然，在窗格构成的画框里，十几枚黑色的流线型“炮弹”穿透阴云密布的天空，急坠而下。它们像石块一般坠落，在接近冷杉树顶时突然展开翅膀，露出鸟儿的形态，如飞絮般轻盈，被暴风裹挟而去，从我视线中消失，比来时还要快。

我走到窗边，观看寒鸦和狂风之间的精彩游戏。游戏？

是的，这是一场游戏，绝对是真正意义上的游戏：熟练的动作，沉溺其中，乐此不疲，并不是为了实现某种具体的目的。而且这些动作并不是天生的，不是本能性的，而是认真学来的。寒鸦的这些精彩动作，它们对风的熟练驾驭，它们对距离的精准估算，以及它们对当地风力条件的了解，对所有上升流、气穴和旋涡的掌握——都不是天生的，而是靠每一只鸟自己学来的。

看看它们如何与风共舞吧！乍一看，我们这些可怜的人会觉得是暴风雨在玩弄寒鸦，就像猫玩弄老鼠一样。不一会儿你就惊讶地发现，恰恰是暴风雨扮演了老鼠的角色，而寒鸦左右着暴风雨，就像猫在戏耍着它的猎物。寒鸦会稍稍让着暴风雨，但不会让步太多，寒鸦故意让狂风把自己抛到天上去，抛到似乎要坠落时，寒鸦随意地挥一下翅膀，就转过身来，瞬间又把翅膀打开，开始逆着风俯冲（加速度比坠落的石头还要大），一路坠落。翅膀稍稍一展，它们又恢复了正常的姿势，接着它们收紧翅膀，像脱弦的利箭般射向来势汹汹的大风，一下子向西飞出了几百米。这些动作毫不费力，如儿戏一般，好像在故意气那蠢笨的狂风：“你休想把我吹到东边去。”无形的风魔肯定对寒鸦花了大力气，风速超过每小时120公里，而寒鸦的应对只不过是懒洋洋地扇动几下黑色的翅膀。寒鸦驾驭了大自然的力量，生物在对决非生物的无情蛮力中大获全胜！

从第一只寒鸦出现在阿尔腾贝格的天空算起，已经过去25年了，我从那时起就倾心于这种银色眼睛的鸟类。生命中那些伟大的爱出现时往往有相同经历，我刚认识第一只寒鸦时，也没意识到其意义之重大。这只寒鸦蹲在罗莎莉·邦加（Rosalia Bongar）的宠物店里，这家店给我的童年带来了很多魔幻时光。当时寒鸦蹲在一个昏暗的笼子里，我只用4先令，就把它买了下来，我并不想拿它做科学实验，只是因为看到它张开黄边的大嘴，露出红色的喉咙时，突然想把美食塞满它的大嘴。我当时打算，等它能够独立生活了，就把它放飞，后来我也是这么做的。但结果出乎我的意料。时至今日，经历可怕的战争后，我养的所有鸟类和动物都走了，只有寒鸦留了下来，仍在我家的屋檐下筑窝。我的滴水之恩，却换来它的涌泉相报，其他的鸟、兽都没有这么感恩。

没有哪种鸟——甚至没有哪种高等动物（群居的昆虫属于另外的类别），能像寒鸦这样拥有高度发达的社会和家庭生活。相应的，很少有幼小的动物会像年幼的寒鸦那样楚楚可怜，那么依赖主人。就在初级飞羽刚刚变硬可以飞行时，我的小寒鸦突然对我产生了孩童般的感情。它不肯独处，一秒钟都不行，它会跟在我身后，从一个房间飞到另一个房间。如果我不得不离开它，它就会绝望地大叫。根据它的叫声，我给它取了个名字“兆客”（Jock），后来我们延续了这个传统，凡是家里新养了一种鸟类，第一只单独养大的幼鸟都根据其叫声来命名。

刚刚羽翼丰满的小寒鸦，对养育者非常依恋，它也正是你能想到的最佳的观察对象。你可以带着它出门，近距离观察它飞行的样子、进食的方法，总之，它的所有习惯都是在完全自然的环境中发生，不会被笼子所束缚。1925年的夏天，通过研究兆客，我对动物的本性有了非常深入的了解，没有哪种鸟或兽能像兆客这样让我受益匪浅。

肯定是因为我善于模仿兆客的叫声，它很快就喜欢上了我，而不是别人。我可以带着它去远足，甚至是骑车出去溜达。它会跟在我后面飞，就像忠诚的狗一样。尽管它认识我、最喜欢我，但如果有人走得比我快得多，特别是别人超过我时，兆客就会抛弃我，去追前面的人。年轻的寒鸦有一种强烈的冲动，看到前面有物体远离自己时，就会去追，这几乎是一种条件反射。兆客一离开我，就发现自己错了，立即改正，很快又飞回我身边。它长大以后，渐渐学会了抑制追逐陌生人的冲动，即便那个人走得非常快。即便如此，我也经常注意到，在看到有人走得很快时，它身体会微微一抖，似乎很想飞过去。

如果看到一只或更多当地常见的戴冠乌鸦在前面飞，兆客要面对更强烈的内心冲突。一看到黑色翅膀拍打着消失在远方，寒鸦就会产生难以抑制的冲动，一定要跟上去，哪怕是吃过几次苦头，它也改不过来。它时常盲目地跟在乌鸦后面猛飞，被带到很远的地方，除非运气好，它一般都会迷失方向。最有趣的是乌鸦降落时寒鸦的反应：一旦黑色的翅膀停止扇动，魔咒也就消失了，兆客此时对乌鸦完全丧失了兴趣！尽管飞行中的乌鸦令兆客心醉神迷，但歇着的乌鸦却丝毫不能引起它的兴趣。只要乌鸦一降落，兆客也就玩够了，瞬间被孤独淹没，开始呼叫我，声音非常奇怪，充满哀怨，好像是走失的小寒鸦在找妈妈。一听到我的回应声，它会特别坚决地朝我飞过来，往往会把乌鸦也带动起来，领着一群鸟飞到我身旁。乌鸦会非常盲目地跟着寒鸦，有几次甚至都快撞到我了才发现我的存在，它们会陷入恐慌，急忙飞走，这群乌鸦的举动也会影响兆客，它再次跟着乌鸦飞走。后来我意识到了这种危险，为了避免不必要的麻烦，就尽可能让自己更醒目些，这样乌鸦能够及早发现我，也就不会那么恐慌了。

天生因素与习得因素在一只幼鸟的行为中完美地拼接，就像小石子排列出的马赛克图案那样。但是对于人工喂大的鸟，这种天然的和谐在某种程度上被破坏了。所有的社会行为以及不是遗传决定而是后天学习到的反应，都容易产生不自然的扭曲。换言之，这些行为针对的对象是人，而不是鸟的同类。鲁德亚德·吉卜林笔下的莫格里（Mowgli）因为在狼群长大，会觉得自己是狼，而兆客要是会说话，肯定会称自己是人。只有在看到一对拍打的翅膀时，它才会本能地感觉到一个声音在说“和我们一起飞吧”。只要它在走动，它就会觉得自己是人，但它一旦用到翅膀，它会觉得自己是戴冠乌鸦，因为是乌鸦唤醒了它身上的种群本能。

在吉卜林笔下，莫格里身上的爱被唤醒后，这种强大的力量迫使他离开了自己的狼族兄弟，回到了人类的大家庭。从科学的角度讲，这种诗意的想象是正确的。我们有理由相信，对于人类（以及在大多数哺乳动物）性爱的潜在对象其特征是身体内古老的基因决定的，而不是经验上可以识别的符号——很多鸟类也是如此。而被人养大的鸟，如果没有见过自己的同类，一般不知道它们属于哪一类，也就是说，在它最具可塑性的幼年时期，它们和哪种生物待在一起，其社会反应的对象以及性欲的对象，也会是这种动物。因此，被人单独养大的鸟，倾向于把人类而且只是人类，视作繁殖活动中的潜在伴侣。兆客就是这么做的。

人工养育的雄性家雀身上也有这种现象，因此，古罗马时期的放荡贵妇都很喜欢这种鸟。古罗马诗人卡图鲁斯还写下了小诗来歌颂此事。诸如此类联系引起的奇怪错误，实在是太多了。我家现在有只母鹅，本来一窝有6只，但其他几只都得肺病死了。于是它就在鸡群中长大。后来，尽管我们买了一只漂亮的公鹅来陪它，母鹅还是迷上了我家帅气的罗得岛公鸡，爱得神魂颠倒，不停地示爱，还不准公鸡和其他母鸡交配，对公鹅的关注则完全视而不见。另一场悲喜剧的主角，是维也纳休伯伦公园的一只可爱的白孔雀。他也是一窝孔雀的幸存者，其他孔雀都在寒流中死去，饲养员就把它放到了当时（那是一战刚刚结束的时候）整个公园中最温暖的地方——爬行动物的房间，里面住着巨大的海龟。后来，这只不幸的鸟只看得上大海龟，再漂亮的雌孔雀，都引不起它的兴趣。这种把性欲对象锁定在一个特别而不自然的对象上的情况，往往很难改变。

兆客成年后，爱上了我家的女仆。女仆结婚后，离开了我们家。几天后，兆客在几公里外的邻村发现了她，于是就搬到她住的地方，只在晚上才回到自己原来的窝。6月中旬，寒鸦的交配季节结束后，兆客又回到我们家。那年春天我又新养了14只小寒鸦，其中一只就被兆客领养了。兆客对待养子的态度和普通寒鸦对待子女的态度是一样的。不论鸟还是兽，其对待子女的行为必定是与生俱来的。以寒鸦而言，如果它对小鸟的反应不是天生的，发自遗传的，那么它初次

见到时，肯定不知道该怎样照顾孩子，甚至会把它们撕碎吃掉，就像它见到同等大小的活物时一样处置。

现在，亲爱的读者，我要澄清一个错误观念。我之前也一直有此错觉，直到兆客性成熟时我才意识到，从它向我家女仆示爱的种种动作来看：兆客是只雌鸟！它对待女仆的方式，和正常雌鸟对待其伴侣的方式一模一样。我们往往以为，雌性动物会喜欢男人，而雄性动物会喜欢女人。其实这种“异性相吸”的法则并不存在。在鸟类中，甚至鹦鹉，情况往往相反。还有一只成年的雄性寒鸦也曾爱上我，对待我的方式就像是对待雌性寒鸦那样。它会一个劲儿地引诱我，想让我钻进一个几厘米宽的缝隙里，那是它选好的爱巢，还有一只驯养的雄性家雀也想用类似方式让我钻进我马甲的口袋。这只雄性寒鸦让我不胜其烦，因为它一直想给我喂吃的，那可是它眼中最美味的食品。让人惊讶的是，它竟然能够准确地搞清楚人类的嘴是消化系统的入口，如果我张开嘴，还适时发出一种请求的声音，它就会非常开心。于我而言，这可是一种牺牲自我的义举，因为嚼碎的虫子，和着寒鸦的唾液，味道真是难以忍受。它每隔几分钟就要喂我一次，我可没法配合它！想必你也会理解我的难处。但是，如果我不配合，那就得当心自己的耳朵。要不然，趁我不注意，它会向我的耳道灌满温热的虫浆，直到鼓膜。原来寒鸦在给雏鸟或者孩子喂食时，会用舌头把食物一直塞进对方的咽喉深处。幸好，这只寒鸦总是先试着给我的嘴喂食，若是我不肯张嘴，它才会选择我的耳朵。

就是因为兆客，1927年我在阿尔腾贝格又养了14只小寒鸦。兆客把人当作自己的同类，有一些显著的本能行动和对人的反应，不仅失去生物学目标，而且让我无法理解，我的好奇心油然而生。于是我想养一群自由飞翔的驯化寒鸦，研究它们的社会和家庭行为。显然，我没办法再像前一年养兆客那样充当养父，慢慢地训练每一只寒鸦。而且，通过兆客我知道寒鸦的方向感很差，我得想个办法，把这些小鸟限制在一个地方。经过深思熟虑，我终于想到了一个解决方案。事实证明这个方案是完全成功的。就在兆客住的阁楼的小窗户前，我建了一个又长又窄的鸟笼，笼子分两个套间，架在宽度不到一米的石制排水槽上，长度几乎和房子一样长。

最初，发现家附近的建筑发生了变化，兆客有些不开心。过了一段时间，兆客才适应了这种变化，在鸟笼靠前那个套间的顶上有个活板门，兆客开始自由地从这个门出入。这时，我才开始把幼鸟放进鸟笼中。为了方便识别这些鸟，我在它们的一只或两只腿上安装了不同颜色的环。我根据这些彩环给小寒鸦命名。等寒鸦们都习惯了这个新家后，我把它们引诱到了笼子中靠后的那个套间。前面那间，也就是带活板门的那间，只留下了兆客和最驯服的两只小寒鸦——蓝蓝和红蓝。这样分隔之后，我让它们在笼子里先待上几天。之所以把它们分开，是因为我想让可以自由飞翔的寒鸦有所牵挂，它们会因为惦记着被关在后间的同伴而飞回来。我在上文提到过，兆客那时已经领养了其中一只小寒鸦“左金”（左腿上安了一个金色的环）。这对我在下文所说的实验很有帮助。我没有把左金列入第一批自由放飞的寒鸦中，因为我希望这样兆客就会留在我家房子附近。要不然，兆客很可能会带着羽翼丰满的左金飞到邻村去，找我先前提到的女仆。

我希望小寒鸦会跟在兆客后面飞翔，就像当初兆客跟随我一样。可是这愿望只实现了一半。我一打开活板门，兆客就猛地冲了出来，开始自由飞翔，几秒钟之后就不见踪影了。那两只小寒鸦不习惯活板门忽然打开，它们有点儿不敢相信，过来好久才敢飞出来。两只小寒鸦同时出来时，兆客刚好“唰”地在外面飞过。它们想要跟上兆客，可是不一会儿就跟丢了，因为兆客的急转弯和垂直俯冲它们学不来。优秀的寒鸦父母一般知道小鸟的飞行能力有限，在指导后代如何飞行时，它们会尽力避免这种高难度动作。后来，等左金被放出来时，兆客的举止就像是一位尽职的母亲了，它慢慢地飞，避免高难动作，而且经常回头看左金是不是跟在后面。兆客不关心其他小寒鸦，而其他小寒鸦也不拿兆客当老师。其实兆客非常熟悉当地的情况，作为向导，兆客要比寒鸦的其他同伴可靠得多。这些傻孩子想从同伴中找老师，每只鸟儿都跟在另一只后面飞。在这种情况下，这些鸟会漫无目标地盘旋，并不断向上高飞。在它们这个年龄，小寒鸦还不会直线俯冲。因此它们越飞越高，最终下落的时候，离家也越来越远了。14只小寒鸦，有几只就是这样飞丢的。如果有一只经验丰富的老寒鸦在，特别是雄鸟，这种情况就不会发生了（下文将讨论此事）。只是当时这群鸟中，还没有哪只鸟帮得上忙。

鸟群缺乏领袖，还有另一种更严重的后果：遇到威胁生命的强敌时，小寒鸦不会作出本能的反应。而像喜鹊、野鸭或歌鸲这样的鸟类，一见到猫、狐狸，甚至松鼠，就会立刻飞走。不论是人工养育，还是自己的父母带大的，它们都会有同样的反应。一只小喜鹊绝不会被猫逮住。如果你用绳子拴住一张棕红色的皮，沿着池塘边拖动，哪怕是人工养大的最温顺的野鸭，也会迅速作出反应。从它看待这张皮的态度，就可看出它对致命天敌——狐狸的一切特征都了然于心。它焦虑而谨慎，飞到水里，眼睛一直盯着敌人。敌人往哪个方向走，它就往哪个方向游，一边不停地大叫，发出警告。它知道，或者说是它与生俱来的反应机制知道，狐狸不会飞，游泳也不如她快，没法在水里逮住她，所以野鸭一直跟着狐狸，盯着狐狸，把狐狸的存在广而告之，这样狐狸就不会偷袭成功。

在野鸭等很多鸟类中，识别敌人是一种本能——而小寒鸦肯定是自己学到这种本领的。通过自己的经验学到的？不，让人好奇的是：它们是通过真正的传统，通过个体经验的代代相传来学习的！

寒鸦识别敌人的所有反应中，只有一项是天生的：任何生物，只要携带了黑色的东西，而且持续摆动或晃动，就会遭到寒鸦愤怒的攻击。同时，寒鸦还会发出刺耳的警告，这种叫声十分尖厉，就像是金属之间碰撞，即便是人耳，也能分辨出寒鸦的愤怒。这时，寒鸦还会摆出一种奇怪的前倾姿势，翅膀半张，不停颤动。如果你只养了一只驯化的寒鸦，你可以时不时地尝试用手去抓它，把它放进笼子里，甚至还可以为它剪趾甲。但要是养了两只，那就不行了。兆客和我很亲近，就像家养的狗一样，我偶尔用手去碰它，它也不生气。可是等到我家养了小寒鸦后，就完全是另外一回事儿了：她绝对不允许我去碰这些黑色的小家伙。我最初并不知道这一点，第一次去用手抓这些小鸟时，我听到身后传来了沙哑的“嘎嘎”声，仿佛是魔鬼在尖叫。然后上方射下一只“黑箭”，越过我的肩膀，直接射中我抓鸟的那只手——我很惊讶地看到，手背上被啄出了一道深深的伤口，流血了！这是我第一次观察到寒鸦的这种攻击，这次经历告诉我，这种攻击的冲动是本能的盲目反应。其实那时候兆客非常喜欢我，而痛恨那14只小寒鸦（它后来才领养了左金）。我当时不得不一直保护这些小鸟：要不然，如果让兆客和这些小鸟独处，哪怕只有几分钟，兆客就会用一次俯冲把它们灭掉。不论怎样，看到我把小寒鸦抓在手里，它就是受不了。那年夏天发生的另一件事，让我对这种行为的盲目反射性有了更清晰的了解。有一天，暮色降临时，我从多瑙河游完泳回家。按照习惯，我会跑到阁楼上去，呼唤寒鸦回家过夜，把它们锁在笼子里。我站在屋顶的排水槽上，突然发现自己的口袋里有个又湿又冷东西，原来匆忙之中，我把泳裤塞进了口袋。于是我就把泳裤掏了出来，下一秒钟，我已经被一群愤怒的嘎嘎大叫的寒鸦包围，它们毫不留情地用喙攻击我犯错的那只手。

我手里拿其他黑色物品的时候，寒鸦的反应也很有趣。我有一台博物学家摄像机，块头很大，年代也比较久远了，我把这台摄像机拿在手里时，寒鸦不会骚动，可是只要我把包底片的黑纸抽出来，风吹动了黑纸，寒鸦就开始嘎嘎大叫。尽管它们知道我不是敌人，是它们的好朋友，但还是会做出同样的反应。只要我手里有一个活动的黑色物体，我就被定性为“食寒鸦者”。更有意思的是，这种事情也可能发生在寒鸦自己身上：有一次，一只雌寒鸦叼着一根渡鸦的羽毛，想带回窝去，也遭到了典型的“嘎嘎”攻击。可是，如果小寒鸦还没有长出羽毛，身体还不是黑色的，你把它放在手里，寒鸦既不会嘎嘎乱叫，也不会发起攻击。在这批寒鸦中，绿金和红金已经被完全驯化，经常落在我的头上或肩膀上，如果我收拾它们的窝，或者近距离观察它们的一举一动，它们都不会不开心。即便我把它们的幼雏从窝里拿出来，放在手心里给它们看，它们也不会有什么反应。但是，就在幼雏的小羽毛刚刚冒尖，身体变成黑色的那天，我一伸手，就遭到了其父母的猛烈攻击。

如果有人或者有动物触发了一次典型的“嘎嘎”攻击，寒鸦就会特别怀疑这个人或动物，对他/它充满敌意。这种强烈的情感很快就会在寒鸦的记忆中留下不可磨灭的烙印，它们会把凶手与“寒鸦陷入敌口”的场景联系起来。如果你连续两三次引起寒鸦的攻击，你就永远不可能再做寒鸦的朋友了！从此以后，寒鸦见到你就会“谴责”你，即便你手里没有活动的黑色物体。此外，一只寒鸦也很容易让其他寒鸦相信，你就是有罪之人。“嘎嘎”叫声的传染性很强，每只听到叫声的寒鸦都会立即发起攻击，就像是看到“敌人”手里拿着黑色的活动物体一样。如果曾有寒鸦看到过你拿过一两次这种物体，那么“可怕的流言”就会像野火一样蔓延，不消几天，你在整个地区的寒鸦中间就声名狼藉了，你成了捕食寒鸦的凶手，寒鸦会不惜代价地攻击你。

所有这些现象也发生在乌鸦身上。我的朋友，克雷默博士就有这样的经历：他肩上总有一只驯化的乌鸦，这被他家附近的乌鸦看到后，他在乌鸦圈子里的名声就变得很差。如果有一只寒鸦落在我身上，其他寒鸦看了不会生气。可是乌鸦不同，它们一定觉得我朋友肩上的乌鸦是被“敌人俘虏了”，却不明白那只乌鸦是自己情愿待在那儿的。没过多久，十里八乡的乌鸦都知道我朋友了，无论他是否带着自己的乌鸦出来，都会有乌鸦一直追着他愤怒地大叫。即便是他换了套装扮，乌鸦还是能认出来。这些事例证明，乌鸦会严格区分猎人和“无害”的人：即便不带枪，如果一个人有一两次被乌鸦见到手里有死乌鸦，他就会被乌鸦记住，且不容易忘掉。

这种“嘎嘎反应”的最初价值，显然是为了从捕食者口中拯救同伴，即便无法成功，也要骚扰一下捕食者，让它以后不敢捕食寒鸦。即便苍鹰（Goshawk）等敌人不会被这种小鸟的震慑吓到，但如果下次敌人可能更倾向于捕食其他动物，“嘎嘎反应”的价值也就得以体现了，种族的生存概率因此提高。鸦科的所有鸟类都形成了这种“嘎嘎反应”，即便是不怎么过群体生活的种类，甚至连小型鸣禽都有类似的反应能力。

随着社会关系的进一步发展，尤其是寒鸦，“嘎嘎反应”在“保护同胞”的意义之上，还有了另一项更重要的新价值：通过这种行为，识别潜在敌人的信息可以传递给幼鸟和毫无经验的鸟。这真正是寒鸦习得的知识，而不是其本能反应。

我不知道自己是否讲清楚了此事的重要意义，一种动物不是通过本能去识别敌人，而是从年老、有经验的同类那里学到的。这是真正的传统，是个体知识的代代相传。人类小孩也该向小寒鸦学习，认真对待父母好心的警告。敌人刚露面时，小鸟还无法识别，老鸟只需要“嘎”的大叫一声，小鸟就能够在头脑中把警告与这个特定的敌人联系在一起。我想，在自然状态下，没有经验的小寒鸦不可能初次看到有人手里拿着活动的黑色物体时，就知道他是危险的敌人。寒鸦总是一大群一起飞，按照概率，至少会有一只会在见到敌人时“嘎嘎”叫起来。

这一点和人类是多么相像！另外，无经验的小寒鸦发起典型 “嘎嘎攻击”时的内在感知模式是多么的盲目、多么像条件反射！而我们人类不也有这种盲目的本能反应吗？善于煽动者指出一个靶子，不就能让所有人义愤填膺吗？在很多情况下，这个靶子之于民众，不就像我的泳裤之于寒鸦，都远非真正的敌人？如果不是这样，还会有那么多战争吗？

没有哪个导师把潜在的威胁告诉我的这14只小寒鸦。因为没有父母发出嘎嘎的报警声，所以即便是猫悄悄溜过来了，小寒鸦也会稳稳地待在原地，小寒鸦甚至会落到杂种狗的鼻子上，把狗当作朋友，就和它们生活周围的人一样完全没有危险。难怪我的小寒鸦在自由放飞后几周就数量锐减。当我意识到这种危险，明白了其中的道理后，我只在白天把这些鸟放出来，因为在白天猫不怎么出来活动。每天傍晚我都要按时把这些小鸟引诱回它们的窝，这可是件费时费力的事。有句德国谚语叫“看管一袋子跳蚤”，与引诱14只小寒鸦回鸟笼相比，前者简直是小事一桩。我不敢用手碰它们，这样会引发“嘎嘎”攻击，我好不容易把一只鸟送进鸟笼，可是又有两只从笼子里飞了出来；即便我把鸟笼前面的那间当阀门，每天傍晚至少也要一个小时才能把所有鸟关进去。

让这群寒鸦在阿尔腾贝格安家，我付出了很大代价：大量的精力、时间、金钱，因为寒鸦会不断破坏我家的屋顶。不过，正如我上文讲到的，我的付出得到了丰厚的回报。这群寒鸦完全自由，却又绝对忠诚，这是多么美妙的观察对象！在我的“寒鸦时代”，我了解每只寒鸦的面部表情特征。我不用去看脚环颜色，就能认出某一只寒鸦。这个成就倒也不是非同一般。每个牧羊人都认识自己的羊，而我女儿阿格尼丝（Agnes）才5岁时，就可以从我家养的众多灰雁中认出每一只灰雁来。如果我无法分清每一只寒鸦，就没法了解它们社会生活中暗藏的秘密。亲爱的读者，你可知道，要达到这一点，得花多少时间仔细观察它们，要花多少时间和它们密切接触？只有和动物生活在一起，你才能真正地了解它们的生活方式。

动物之间相互认识吗？尽管有很多著名的动物心理学家怀疑这一点，甚至直接否认这一点，但答案是肯定的。我可以向你保证，我家的任何两只寒鸦，只要看一眼就能认出对方。证据就是它们中间存在等级排序，动物心理学家称之为“啄序”。养家禽的农民都知道，即便是很愚蠢的家禽，它们中间也有严格的等级秩序，每只家禽都敬畏比自己高一级的同类。在经过几次争吵（不一定会打架）后，每只鸟都清楚它要畏惧哪些鸟，哪些鸟要对自己表示尊敬。啄序不仅仅取决于一只鸟的力气，还取决于其勇气、精力，甚至自信心。这种等级制度特别顽固。如果一只动物在与同类的争吵中处于下风，哪怕仅是气势上输了，只要两只动物在同一区域生活，败者就再也不敢轻易在胜者面前放肆。甚至最高等级、最聪明的哺乳动物，也同样如此。我的朋友，已故的图恩·霍恩施泰因（Thun Hohenstain）伯爵曾经养过一只猪尾猴（Nemestrinus Monkey），这只猴子高大魁梧、精力十足，但即便在成年后都从心底里尊敬一只老爪哇猴，这只爪哇猴的块头还不及猪尾猴的一半，只是在猪尾猴小的时候欺压过它。年老的暴君最终会被推翻，这是件极具戏剧色彩的事，而且往往是一场悲剧，尤其在狼群或雪橇犬群中。杰克·伦敦写过一些以北极为背景的小说，里面生动地描述了类似的情景。

寒鸦群的等级斗争，有一个方面和家禽很不相同。在家禽的等级斗争中，不幸沦为低等级的灰姑娘过着十分悲惨的生活。在社会化程度并不高的动物的人为群居中，比如家禽养殖场或养鸣禽的笼子里，高等级的鸟往往会任意欺凌低等级的鸟，等级越低，遭到其他鸟的欺凌就越狠。这种虐待往往让那可怜的家伙得不到片刻的安宁，一直吃不饱肚子，如果主人不干预，受害者可能会消瘦而死。不过，在寒鸦群中，情况却相反：高等级的寒鸦，特别是鸟王，不会欺负比自己等级低很多的寒鸦。而对待等级仅次于自己的寒鸦时才会脾气暴躁。这一点特别适用于鸟王和觊觎王位的寒鸦，即老大和老二。普通的观察者很难理解这种行为：一只寒鸦正在公用的食物盘旁边进食，这时第二只寒鸦缓慢走了过来，带着一副自炫的表情，昂首挺胸，前一只鸟稍稍让了让，仍未停止进食。现在，又来了第三只鸟，态度要谦逊得多。可是，让人惊讶的是，第一只鸟见状飞走了，而第二只鸟则摆出威胁的姿势，背上的羽毛都竖了起来，开始攻击第三只鸟，把它赶走。为什么会这样呢？原来最后来的这只鸟的等级介于之前两只鸟之间，比第一只鸟高得多，就把第一只吓飞了，可是又比第二只的等级稍稍低一些，于是激起了第二只鸟的愤怒。对于等级很低的寒鸦，等级很高的寒鸦总是一副屈尊俯就的态度，觉得前者不过是脚底的灰尘不屑与争。所以前者的自炫行为只不过是一种形式，只有在等级接近的鸟过来时，居于高级的鸟才会采取威胁姿态，但也不会真正动武。

高级寒鸦对低级寒鸦的敌视程度，与低级寒鸦所在的等级成正比。有趣的是，这种本质上很简单的行为，却能够使各等级间寒鸦的争斗趋于平衡。愤怒的姿态和攻击行为也会刺激毫不相干的寒鸦。在拥挤的电车上，当我听到两个人对骂时，我就有股难以遏制的冲动，想要给两人一人一记耳光。高级寒鸦显然也有这种心理，只是它们可不怕大煞风景，于是只要两只下属鸟争吵过于白热，高级寒鸦就会积极干预。仲裁者总是对争端方中的强者采取强硬态度。这么一来，高级寒鸦，特别是鸟王自己，经常按照骑士原则办事——只要争斗不平等，它总是站在弱者一边儿。因为寒鸦间的争斗主要是围绕筑巢地点展开的（在其他情况下，弱者几乎都会乖乖地让步），强者的做法有助于保护鸟群中弱者的住所。

一旦居住地各个成员的社会等级确定了，寒鸦们就会尽力维持这种等级秩序。而母鸡、狗或猴子都没这么保守，我从未发现在没有外力干预情况下这种秩序会因为低等级寒鸦的不满而重新洗牌。我的寒鸦群中，我亲眼看到的王位更迭只有一次。当时的鸟王是金绿。篡位者是一位归来的流浪鸟，这只寒鸦离开鸟群太久了，原来对鸟王的深深崇敬已经忘得一干二净，它归来后第一次遇见鸟王，就把鸟王打败了。这件事发生在1931年的秋天，征服者的名字叫“双铝”，这个奇怪的名字源自它脚上两只铝白色的环。它整个夏天都在外面，秋天时才回来。经过旅行的锻炼，它意志坚定、雄心勃勃，一举制服了先前的君王。胜利来之不易，原因有二：首先，双铝还没有结婚，孤身奋战，直面鸟王和鸟后的反击；其次，双铝才一岁半，而鸟王金绿和他的妻子属于最早的14只寒鸦，我从1927年就开始养的那一拨。

我是因为一个很不寻常的机会，才发现了这次革命。有一天，我突然惊讶地发现，一只又小又瘦、等级很低的雌鸟竟然靠近正在进食的金绿。似乎得到了某种神秘力量的帮助，它展示着自炫的姿态，而强大的金绿毫不反抗，默默地让出了自己的位置。这时，我才注意到刚刚回来的英雄双铝，它已经篡取了金绿的王位。最初，我认为刚刚被废黜的金绿吃了败仗，所以鸟群的其他成员才可以欺侮它，包括刚才提到的那只雌鸟。但我的想法错了：金绿只是被双铝征服了，它降为老二。但是双铝爱上了刚才说的那只雌鸟，没过两天，就公开和它“订婚”了！因为在寒鸦的婚姻中，寒鸦夫妻会相互支持，勇敢地并肩作战，夫妻之间也不存在啄序，所以当他们与鸟群的其他成员发生争吵时，它们两个自动处于同等地位，这样一来，妻子的身份必然会被提高到和丈夫一个等级。但反过来不行，雄鸟不可以娶比自己地位高的雌鸟，这是寒鸦中不可逾越的一条禁律。这件事的惊人之处并不是妻子的地位提升了，而是这条消息传播的速度之快。此前，鸟群中八成的寒鸦都会欺负这只小雌鸟，可是，从今天起，它成了“第一夫人”，今后再不会忍受其他寒鸦的白眼。更有趣的是，地位得到提升的寒鸦自己也知道身份变了。动物在遭遇不幸的经历后，往往会胆小怕事，要想让它明白今后不会再有危险了，并勇敢地面对这一现实，还是很不容易的。在池塘里，身居王位的天鹅会独霸一片水域，除了妻子，谁都不得入内。如果你制服了这只暴君天鹅并在其下属面前将他带走，你可能以为，其他天鹅会长舒一口气，立即跳入久违的池塘中开心地嬉水。但这并不会发生。要过很多天，这些被欺压惯了的下属才能鼓起勇气沿着池塘边游一会儿，经过更长时间，才有天鹅敢游到池水中间。

但是刚才说的那只小雌鸟在48小时内就明白了自己现在可以做什么事情。我不得不遗憾地说，它开始充分利用自己的新地位了。面对低等级的寒鸦，高等级的寒鸦通常会展现出一种高贵和宽容，可这只小雌鸟完全没有这种品质。它会利用每一次机会去羞辱之前比它地位高的寒鸦。面对下级，高等级的寒鸦往往会摆出一副尊贵的姿态，而小雌鸟不只是这样，它会主动发起恶意的攻击。简而言之，它的行为非常粗鲁。

你认为我把动物人格化了？其实你不了解，我们常说的“人性弱点”，几乎都是人类出现之前就存在的，这些缺点是我们和高等动物之间的共同点。相信我，我并不是错误地把人类的特点赋予了动物。相反，我是在向你证明，时至今日，人身上仍然存留着大量动物的遗传特性。

刚才我讲到，一只年轻的雄性寒鸦爱上了一只雌性寒鸦。这并不是给动物注入了人性，相反，这表明人身上还有动物的本能。如果你不认同我的观点，觉得爱情并不是一种古老的本能力量，我只能推断你还没学会让自己成为激情的俘虏。

“坠入爱河”这个说法很奇怪，这一比喻用一种剧烈的现实感来形容一个心灵历程——一个可以听见的坠落，你恋爱了。没有更巧妙的表述了。这方面，很多高等鸟类和哺乳动物的行为和人类完全一样。即便在寒鸦中间，“大爱”往往也是突然降临，也就一两天时间，而且和人类一样，往往是一见钟情。马洛（Marlowe）曾写道：

虽然无人知道缘由，但又有什么关系，
我们之所见，被眼镜所责备。
两人都算计，爱情定难觅；
哪对有情人，不是一见钟情？

在野雁和寒鸦的生活中，“一见钟情”发挥着极其重要的作用，这一点让观察者印象深刻。我见过好几个初次见面就萌生爱意并签订婚约的例子。人们会觉得两性天天在一起才会容易产生感情，但事实并非如此。有时还会产生负面影响。有时候，多年相知并未成为眷属，小别重逢后反而步入了婚姻的殿堂。就野雁而言，我多次观察到，当两只关系密切的灰雁分开一段时间又重逢时，缔结了婚约。其实我自己也受到了这种典型现象的影响——不过这是题外话了。

很多读者，特别是受过心理学教育的，在看到“婚约”这个词时，会惊讶地睁大眼睛。人们总是把动物视为“禽兽”，觉得动物的爱与婚姻更多地为感官冲动所左右。这种流行的观念是错误的，有些动物的生活中，爱情和婚姻具有非常重要的作用。有为数不多的几种鸟会长期维持婚姻状态，研究者已经对它们的婚姻生活进行了非常细致的研究。结果表明，双方在订立婚约之后，过很长时间才会进行身体上的结合。有些鸟类结一次婚只养育一窝小鸟，小型鸣禽、苍鹭等都是如此。这些鸟的订婚时间必然会比较短。但是，对于维持婚姻终身制的鸟类，几乎所有的鸟都会在“结婚”之前很久就“订婚”。订婚时间最长的小鸟是山雀（Beared Tit）。我的朋友，奥特·克尼格和莉莉·克尼格对山雀进行了多年的观察研究，并写了一本非常有趣的书。这些生灵在两个半月大的时候就会订婚，那时它们连幼羽都还未换过呢。也就是说，再过9个月它们才会性成熟，并进行第一次交配。在行家看来，这是件奇特的事。这独特的自我展示仪式，尤其是公鸟的求爱，是为了展示自己成熟漂亮的羽毛细节，特别是它黑色的络腮胡子和漆黑的尾部基羽。这个小家伙又炫耀胡子，又展示尾羽，即便尾羽的颜色要到两个月以后才能充分显现。当然，雄鸟并不“知道”它自己的模样，这些与生俱来的动作只是为了展示成年后的羽毛。在水面觅食的鸭子会在秋天订立婚约，其情形又不一样。当时公鸭也和山雀一样没有生殖能力，但身上已经披上了节日的盛装，到来年早春交配季节它们才会换羽毛。

和野雁一样，寒鸦会在出生后的第一个春天订婚，但是还要再过12个月，这两种鸟才会性成熟，因此，正常的订婚期刚好是一年。雄性寒鸦求爱时，有一点和雄雁及人类的年轻男子相似，就是它们都没有什么可资利用的求爱工具。它们既无法像孔雀那样，张开漂亮的尾巴，也无法像雪莱笔下的云雀那样“不吝用即兴的艺术，倾吐自己所有的心声”。“合格”的寒鸦没有这些配饰，只有充分利用自身条件，它的行为方式与人类惊人的相似。就像雄性灰雁一样，年轻的寒鸦也会“舒展自己”，以呈现旺盛的精力。它所有动作就像绷紧的弦，头和脖子骄傲地后仰，一直处于自我展示的状态。如果“她”在看，雄鸟就会不停地挑衅其他寒鸦，甚至卷入与它平时十分尊重的上级的冲突中。

最重要的一点是，它要让挚爱的雌鸟明白，它拥有一个洞穴，可以在那里筑巢，它会把洞附近的其他寒鸦全部赶走，不论这些寒鸦等级高低。与此同时，它还会发出高亢、尖厉的筑巢鸣声“叽咯，叽咯，叽咯”。这种“呼唤筑巢”仪式只是象征性的。在这个阶段，雄鸟占据的洞是否适合筑巢并不重要。与寒鸦的行为相反，家雀的“呼唤筑巢”仪式是很严肃的：只有当雄性家雀找到了合适的筑巢地点，并捍卫住这个地点，它才会考虑结婚。所以，雄性家雀为了“争抢”合适的筑巢地点经常会发生群体斗殴。而寒鸦的“叽咯仪式”没那么挑剔，任何黑暗的角落，或者一处小洞都符合目的，哪怕有的洞实在太小，寒鸦根本就钻不进去。我在上文提到过一只曾往我耳朵里塞粉虫的雄性寒鸦，它就喜欢站在一个很小的粉虫罐子边举行“叽咯仪式”。处于同样目的，我家的寒鸦还喜欢在我家烟囱的上檐举行“叽咯仪式”，尽管他们很少在那里筑巢。春天，我们坐在客厅里，常常听到壁炉传来模糊的“叽咯叽咯”声。

雄鸟求爱时所做的各式自我展示都是指向某只特定的雌鸟。但雌鸟如何知道雄鸟正在为它表演呢？“眼睛的语言”可以解释这一切。正如拜伦在《唐璜》中写道：

心灵的流露，是最雄辩的答案，

短暂的注视，是最相近的答复。

雄鸟求爱时，会不停地用眼去瞄心仪的对象，如果雌鸟凑巧飞走了，雄鸟就会立即停止求爱；当然，如果雌鸟对仰慕者感兴趣，它就不会飞走。

求爱时，雄鸟和雌鸟的眼神交流方式大不相同，十分有趣：雄性寒鸦会用滚烫的眼神直直地看着雌鸟的眼睛，而雌鸟会把眼睛转到其他方向，就是不去看热情的追求者。其实雌鸟也一直在观察雄鸟，它会用几分之一秒的时间快速瞄雄鸟一眼。这几分之一秒足以让她明白，雄鸟的所有古怪动作都是为了赢得它的赞赏；这几分之一秒也足以让“他”知道“她”的想法。如果雌鸟真的不感兴趣，就压根不会去看雄鸟，而年轻的雄性寒鸦就会像任何年轻动物一样，很快放弃自己无谓的努力。面对容光焕发、骄傲地走过来的情郎，雌鸟最终表达了自己的爱意：它在雄鸟面前蹲下，翅膀和尾巴都开始颤抖。双方的动作象征着邀请交配的仪式，不过这些动作并不会走向真正的结合，只是纯粹的欢迎仪式。婚后的雌寒鸦在欢迎丈夫时，也会做出同样的动作，即便当时不是交配季节。系谱学研究中，这种仪式仅仅被赋予了性方面的含义，但在这时，仪式完全与性无关，只是表明妻子对丈夫的顺从。仪式的含义几乎与鱼类的“象征性低级”相同。从未来的新娘顺从雄鸟开始，它开始变得很冷静，并对鸟群中的所有其他成员采取强硬态度。对于雌鸟，签订婚约意味着其在鸟群中的地位得以提升。通常而言，雌鸟都比雄鸟要弱小，雌鸟单身时，地位要比雄鸟的地位低很多。

缔结婚约后，这对寒鸦形成了真心实意的共同防御同盟，一方会非常忠诚地支持另一方。这很重要，因为要想占据一处筑巢的洞穴，它们要与年龄更大、地位更高的寒鸦夫妇展开争夺。这种军事化的爱情看上去很有趣。这对夫妻会一直非常夸张地自我炫耀，两者不离不弃，之间的距离不会超过1米，就这样度过一生。它们都为对方感到十分骄傲，它们会并排慢慢散步，头部的羽毛都张开着，凸显出它们黑色的光滑冠羽和浅灰色的光亮颈部。看着这两只野鸟之间甜情蜜意的样子，真是让人感动。雄鸟找到的所有美食都会喂给新娘，而新娘会摆出乞求的姿势，并发出幼雏一样的叫声。实际上，寒鸦夫妻之间爱的私语主要就是幼雏般的声音，成年寒鸦只有在亲密的时候才会发出这种声音。这和人类多么相似，奇怪得令人惊叹！人类之间，表达爱意的种种方式显然也带有孩子气——你难道不曾注意到，为了表达爱意，我们创造出的那些昵称几乎都是儿童化的。

雄性寒鸦给妻子喂食的习惯极富魅力，不难想象，雌鸟向雄鸟表达爱意的主要方式同样也很感人。雌鸟会帮雄鸟清洁头部的羽毛，因为雄鸟自己的喙够不到这些羽毛，无法清理。关系友好的寒鸦之间会相互进行“社交性羽毛清理”，和其他社会性的鸟、兽一样，这种举动没有任何潜在的性爱动机。但我还没见过有哪种生物会像坠入爱河的雌性寒鸦这样，十分用心地梳理丈夫的羽毛。连续好几分钟的梳理工作对于寒鸦这种活泼好动的鸟类可是不短的时间了。它精心地梳理着丈夫颈部漂亮、丝滑的长羽毛，而雄鸟则带着一副十分享受的表情，眼睛半闭着，把脖子伸向雌鸟。鸽子和爱情鸟（Love Bird）虽以恩爱著名，但其婚后夫妻之间表达爱意的方式，也没有这些声名狼藉的鸦科鸟类这样富有魅力。寒鸦的婚姻中最让人感动的一点，是它们的爱与日俱增，而不是逐渐衰减。寒鸦的寿命很长，几乎可以与人类同寿。（即便是小型鸟，差不多也能活20年，而且在十五六岁的时候仍然具有繁殖能力。）上文说了，寒鸦会在一岁的时候订婚，在两岁的时候结婚，那么它们的结合会延续很长时间，可能比人类的还要长。即便是多年以后，雄鸟仍然会悉心给妻子喂食，用同样的轻声细语表达爱意，好像他仍然活在生命中的第一个春天，仍然活在订婚的第一个春天。你也许不信，有些动物的婚姻关系虽然也会维持一生，但婚姻状态却与寒鸦的完全不同：第一年似火的热恋过去后，慢慢地，冷冰冰的生活习惯浇灭了爱情的火焰，随着时间的流逝，求爱阶段的迷恋完全消失。后续的婚姻和家庭生活中，所有活动都机械而冷漠，和其他日常活动没什么两样。

在我跟踪观察的很多寒鸦的订婚和婚姻过程中，只有一桩发生变故，不过那是发生在订婚阶段。制造麻烦的是一只年轻的雌鸟，它十分活泼，名字叫左绿，它的罗曼史最后还是以喜剧收场。1928年早春，在我养的第一批寒鸦的生命中的第一个春天，统治者金绿和红金订婚了，红金显然是鸟群中最漂亮的一只雌鸟。真的，如果我是一只寒鸦，我也会选择红金。寒鸦群中的二号雄鸟——蓝金，也主动向红金示好，不过蓝金很快放弃了红金，和右红订婚了，右红块头很大，在雌鸟中，是身体比较健壮的一只。与金绿和红金相比，蓝金和右红订婚后，感情进展比较缓慢、平和，前一对的感情可谓是“激情四溢”，而后一对的爱情显然是“不冷不热”。

4月初时，左绿甚至还不解风情，因为一岁大的寒鸦开始纯情萌动的时间各有不同。一直到5月初，左绿才走上婚恋的舞台，它的登场很突然，也很冲动。我在前文提到过，左绿身材矮小，等级地位也很低。从人类的角度看，它远不如右红可爱，更无法和红金相提并论。但是它有自己的一套……它爱上了蓝金，它的爱比右红不知道要热烈多少倍。先讲一下结局，尽管这结果听起来如此难以置信——它最终战胜了更强大、更漂亮的情敌。

我第一次意识到将有一场爱情大戏上演，是因为看到了这个场景：蓝金安静地坐在鸟笼的门口边，右红站在它的左侧，正在为它梳理颈部的羽毛。突然间，趁双方都不注意，左绿也落在了门旁，站在不到1米外的地方待了一会儿，时不时紧张地瞄几眼那对恋人。后来，它小心翼翼地从右侧向蓝金慢慢地靠近，伸着脖子，出于谨慎，翅膀还作好了起飞的准备，也开始梳理蓝金颈部的羽毛。蓝金这时已经非常享受地闭上了眼睛，没有注意到两侧都有鸟在为它梳妆打扮。右红也没有注意到情敌的存在，因为它与左绿之间还隔着大块头的未婚夫，而且蓝金的羽毛都张开了，体形就更庞大。这种紧张的局势持续了几分钟，最后，蓝金不经意间睁开了自己的右眼，当它发现自己身边竟然有只陌生的雌鸟，突然就开始愤怒地去啄左绿。随着愤怒的蓝金变换位置，右红也发现了左绿。右红一下子从未婚夫头顶越过去，开始愤怒地攻击情敌。我这时还不明就里，但觉得右红已经看出了小小左绿的真实意图。合法的新娘似乎充分认识到了局势的严重性。此前，我还从未见过一只寒鸦如此愤怒地追逐另一只寒鸦。但右红没有成功。左绿身材娇小、动作敏捷，飞行技术超过了右红，右红在空中飞了好远一段距离追逐情敌，最后又回来落到未婚夫身边，这时她已经气喘吁吁了，而小巧的左绿不到一分钟后也飞了回来，一副神闲气定的样子。一看就高下立判！左绿在死缠烂打的求爱过程中，靠的是耐心而非狡黠，它日复一日、从不停息地跟着蓝金夫妇，不论它们散步还是飞行，但左绿又保持一定的距离，不至于激怒这对夫妇。可是，只要蓝金夫妇靠在一起休息，左绿就会一点一点儿的靠近，耐心地等待右红为爱人梳理羽毛的时刻。

水滴石穿。右红的攻击渐渐没有那么猛烈了，蓝金也不再介意两只雌鸟的同时存在。有一天，我发现局势已经演变到了某个临界点：蓝金正站在那儿，右红正为它梳理脑后的羽毛。在另一侧，左绿也在做同样的事情。过了一会儿，不知道什么原因，右红停了下来，飞走了。雄鸟睁开眼睛看了看另一侧的左绿。蓝金会去啄左绿吗？蓝金会把左绿赶走吗？没有！蓝金慢慢地扭头，有意把颈部需要梳理的羽毛朝向了左绿！然后它又闭上了眼睛。

此后，左绿很快就得到了蓝金的宠爱。几天后，我看到蓝金开始给左绿喂食，经常性地而且很温柔地喂食，当然，都是右红不在场的时候。并不是蓝金有意背着他的“合法”新娘这么做——如果这么想，就高估了寒鸦的智力水平。如果右红在场，那么得到美食的肯定是它，但它不在场，所以另一只雌鸟就得到了。我的朋友，A·F·J·波尔蒂杰（Portieje）观察到疣鼻天鹅（Mute Swan）身上也有类似的行为。有一只雌天鹅游到了一只已婚的老天鹅的窝边，老天鹅的妻子正站在旁边，新来的雌天鹅就开始向老天鹅求爱，老天鹅愤怒地把她赶走了。但是，就在同一天，在湖的另一半，在这个远离自己的窝、远离自己妻子的地方，老天鹅再次见到了这只新来的雌天鹅，没怎么绕弯子就屈从了对方的诱惑。这一点看上去和人类也有些像，但实际上并没有什么可比之处。在窝周围的时候，雄天鹅主要关心的是保护自己的领土，只要见到陌生的天鹅，不论是雄性还是雌性，都会觉得它是入侵者。在自己的领土上，任何擅自闯入者都将被驱逐，但是离开自己的领地后，它就没有先入之见，因此会把新来者视作一只漂亮的异性。

左绿对蓝金越有把握，它对右红的态度就越大胆。它见了情敌不再逃避，有时两只雌鸟间还会发生决斗。蓝金陷入了两难的境地，行为很奇怪。通常，在与鸟群任何成员的争吵中，蓝金都会勇敢地支持自己的妻子，但它现在内心十分矛盾。它也会摆出威胁左绿的样子，但不会采取实际行动。而且，有一次，我还看到蓝金对着右红稍稍摆出了威胁的姿势。显然，在这种情况下，它十分压抑、尴尬。

这场罗曼史的结局很突然，也很有戏剧性。有一天天气晴好，蓝金不见了，跟着它消失的居然是左绿！我觉得，这两只成年的鸟经验丰富，不会同时遭遇不幸，显然它们一起远走高飞了。感情上的纠葛是十分痛苦的，动物与人在这一点上一样，下文我还要讨论这一点，我觉得蓝金有可能是因为感情上的矛盾而离开了鸟群。

在老的寒鸦夫妻中，我还从未发现有此类事情发生，我觉得应该也不会发生。凡是我长期观察的寒鸦夫妻，它们都至死不渝。可是，只要找到了合适的伴侣，寒鸦中的寡妇或鳏夫会毫不犹豫地再婚。不过等级较高的老雌鸟很难再找到合适的伴侣。灰雁绝对不会再婚，我在《灰雁的四季》一书里讨论了这个问题。

寒鸦在第二年里就可以生育。实际上它们大概是在第二个秋天才真正成熟。这时它们第一次全身换羽，不仅身上的羽毛会更换，翅膀和尾巴上的大型飞羽也会换新的。换羽之后，遇到晴好的秋日，这些鸟就会处于明显的性兴奋状态，尤其喜欢寻找可以筑巢的洞穴。前文提及的“叽咯叽咯”声充斥耳边。当天气变凉后，换羽后的性兴奋状态也会消退，潜藏于心底。在温暖的冬日，“叽咯叽咯”声有时也会从烟囱传到房间里。到了二三月，这种情况更为显著，“叽咯叽咯”的声音会响彻整个白天。

这个时候，寒鸦会进行另一项仪式，这可能是寒鸦整个社会生活中最有趣的仪式了。3月末，“叽咯”之声达到了高潮，墙壁的某些洞穴里，合唱格外响亮。与此同时，音色也发生了变化，更加深沉、圆润，像是“一噗、一噗、一噗”的声音，间隔越来越短，节奏越来越急促，到了唱段的末尾，音调变得很疯狂。于是，激动的寒鸦会从四面八方冲向这个洞穴，张开羽毛，拿出了威吓的架势，也加入“一噗”演唱会。

这场演唱会有什么用意呢？我过了好久才搞明白：这是

针对“犯罪分子”的共同行动。要理解这种与生俱来的集体反应，我们还得仔细分析一下。

通常，如果一只鸟在筑巢的洞穴里叽咯叽咯的叫，其他寒鸦不会轻易地攻击它。因为侵略者总是处于劣势。寒鸦有两种不同的威胁方式，形式和含义都不一样：如果争议仅仅是关于社会地位，争斗的双方会把身体拉长，张开羽毛，威胁对方。这种姿态隐含着要飞起来，落到对手背上的意思。这种姿势是打斗的前兆，公鸡和其他鸟类也会这么做，双方都飞起来，扭在一起，用爪子和喙攻击对手，想挫败对方，把对方掀翻在地。第二种威胁方式恰恰相反。寒鸦会蹲下来，低下头和脖子，背部的羽毛耸起，形成“猫背”姿势，十分有趣。尾巴会侧向对手，展开成扇状。在第一种威胁方式中，寒鸦努力让自己显得尽可能高，而在第二种方式中，寒鸦努力让自己的块头变大。第一种姿态的意思是“如果你不让开，我会飞起来攻击你”，而第二种姿态表明“我会誓死保卫脚下的土地，一寸都不让步”。一只高等级鸟接近并想赶走一只低等级鸟时，如果后者采取了第二种威胁态度，前者就会撤退。除非入侵者自己也喜欢这个地点，例如想在这里筑巢，才会继续采取行动。在这种情况下，入侵者也会采取同样的威胁态度。这样一来，两只鸟就会肩并肩地长时间站在那里，用眼睛狠狠地盯着对方。它们之间很少爆发打斗，它们会一直蹲在原地，保持距离，快速、愤怒地去啄对方，但又够不着对方。每啄一次，它们都会大声呼气，上下喙磕出声音来。此类争吵的结果取决于谁坚持得更久。

整个“叽咯”仪式与第二种威胁态度密切相关，如果寒鸦不摆出那种姿势，它就无法发出“叽咯、叽咯”或者“一噗、一噗”的声音。和所有会划分势力范围的动物一样，两只寒鸦领地之间的边界取决于它们的打斗情况，一只寒鸦在自家附近会更勇敢地战斗，而到了别人的地盘就会泄气。因此，当一只寒鸦在自己“合法”的筑巢洞穴边叽咯时，与入侵者相比，它从一开始就占据了很大的优势。而且，这种优势比个体之间力量或等级的差异更重要。

不过，适宜筑巢的洞穴实在过于抢手，有时一只强壮的寒鸦也会攻击一只较弱的寒鸦，以抢走后者的筑巢洞穴，而且动起喙来毫不留情。这时，我所说的“一噗反应”就会出现。捍卫家园的寒鸦十分愤怒，一开始会大声“叽咯”，之后会逐渐变为“一噗”声。如果一开始它的妻子不在身旁帮忙，听到号令也会冲过来，羽毛蓬松，一起“一噗、一噗”叫，攻击入侵者。如果入侵者还不立即撤退，一件令人惊奇的事就会发生：只要是听到了“一噗”声的寒鸦，都会一边“一噗一噗”地大叫，一边暴风般地来到受威胁的洞穴旁。这时，最初的战斗场面不见了，只见一大群寒鸦愤怒地“一噗一噗”大叫，声音越来越响亮，频率越来越快。在发泄了愤怒之后，鸟群就安静地散开了，只有窝的主人还留在原地，在恢复平静的家里小声地“叽咯”。

一般而言，只要聚集了几只寒鸦，就足以结束战斗，特别值得注意的是，最初的入侵者也会加入“一噗”大叫的行列！喜欢把人类的特点赋予动物的观察者可能会觉得，这是狡猾的入侵者为了不让别人怀疑自己，才会贼喊捉贼。可实际上，入侵者也是不明不白地引发了“一噗”反应，它并不知道自己就是这场动乱的始作俑者。它就这样一边“一噗”地叫着，一边环顾四方，好像它也在寻找犯罪分子，那伪装的样子竟是如此的真诚。

不过，我也经常看到赶来的救兵认出入侵者的情况，如果入侵者执迷不悟，救兵会狠狠地教训它一顿。在1928年，寒鸦群的君主是一只粗鲁的喜鹊，它是和寒鸦一起养大的。喜鹊的战斗力远在寒鸦之上，而且和寒鸦不同，喜鹊并不算是社会性鸟类。寒鸦群的社会动力和社会禁忌有很好的调节，这让人类特别感兴趣，而喜鹊完全没有这些特点。因此，这个长着羽毛的恶棍完全不知好歹，很快成了寒鸦群中的不安定因素，就像人类文明社会中的惯犯。这个恶霸一次又一次地强行进入寒鸦夫妇的窝中，引发一场义愤填膺的“一噗”仪式。尽管喜鹊不会做出“一噗”反应，而是继续它的恶行，但寒鸦群起而攻之，逼迫它停止攻击。喜鹊有了惨痛的教训，就再也不敢进犯寒鸦的窝了。因此，尽管我一度非常担心，所幸寒鸦的卵和幼雏都没有受到伤害。

在“一噗”反应和“嘎嘎”反应中，年老、强壮、高等级的雄性寒鸦扮演了最重要的角色。它们还以另外一种方式保护了自己的家园。1929年秋天，有一大群迁徙的寒鸦和白嘴鸦（Rook）经过我们村子，这群鸟足足有200多只，落在我家附近的田里。我家的寒鸦中，当年出生的和之前一年出生的都和这群野鸟混在一起，无法分辨。家里只剩为数不多的几只老鸟。我觉得这是一场灾难，眼看着我两年的心血就要化为乌有。我特别清楚，一群迁徙的同类对年轻寒鸦的吸引力非同小可，年轻的鸟看见一片黑压压的翅膀就特别神往，不由自主地就会和鸟群一起飞走；要不是金绿和蓝金，我的辛勤劳动成果就会随风而去。（更准确地说，是逆风而去，因为寒鸦更喜欢逆风飞翔）。我家的寒鸦中，老资格的雄鸟只有金绿和蓝金。它们俩不停地在我家和田地之间来回飞。它们做了一件让我非常难以置信的事，如果不是我多次亲眼目睹此事，而且我和同事们还一起通过实验证明了此事，我到现在都会怀疑这是不是真的。这两位长老各自从鸟群中找出一只我家的幼鸟，然后用一种非常独特的方式把它带回家。老鸟会用一种特别的动作引导幼鸟一起飞，寒鸦父母引导子女离开危险地点时也会做出这种动作。寒鸦父亲或母亲会从幼鸟后方飞过去，低空掠过幼鸟的背部，在刚好处于幼鸟正上方时，它会把收紧的尾巴很快地向侧方向一摇，这个姿势会迫使站在地上的鸟条件反射一样地“跟随领袖”。老寒鸦作完上述动作后，就会飞回我家，并回头看小寒鸦是不是一直跟着自己。兆客以前就用这种方式为自己的养子带路。

在整个过程中，金绿和蓝金不停地发出一种鸣声，这与它们的飞行鸣声完全不同。前者是一种拖长的低沉声音，后者是一种短促、轻柔的叫声。普通的飞行鸣声听上去像是调门比较高的“咔，咔”声，而新的鸣声听着是“咔哇，咔哇”。我突然想起自己以前也听到过这种叫声，但直到这时才明白了这种叫声的含义。

两只老鸟非常卖力，训练有素的牧羊犬能够把一大群羊赶到一起，可是它们也比不上这两只老鸟的效率。老鸟片刻不停地工作，直到天黑。正常情况下，寒鸦天一黑就休息了。老鸟的工作可不轻松，因为它们刚刚把几只鸟哄回家，这些鸟十有八九又会飞回到草地上去，加入迁徙的鸟群。幸好到天黑时，迁徙的寒鸦群继续前进了，我长舒了一口气，在我们家所有的小寒鸦中，只有两只飞走了。

这件事给我留下了深刻的印象，我决定更加深入地研究“咔”与“咔哇”两种鸣声的含义区别。不久我便搞清楚了，原来两种鸣声都表示“跟我一起飞”，但寒鸦发出“咔”的叫声时，它是想往远处飞，发出“咔哇”的叫声时，它是想往家里飞。我早就注意到迁徙中的寒鸦群会发出不同的叫声，比我家寒鸦的叫声更尖厉，现在我明白了背后的道理。迁徙中的寒鸦远离家乡，它们“回家的本能”暂时停顿了，也就不会想到要发出“咔哇”的鸣声。在这种情况下，只能听到远行的鸣声“咔”。如果真是这样，我们可以猜测一下春季寒鸦群重新飞回繁殖地时，会不会发出“咔哇”的鸣声呢。我的寒鸦群经常会发出这两种鸣声，那是因为它们的活动范围就在栖息地附近，即便冬天也是如此。

尽管这种鸣声可以解释为“和我一起飞”，但需要强调的是，这种鸣声只是表明这只鸟自己的情绪，而绝不是一种命令。但是寒鸦个体这种完全没有目的的情感流露却极具感染性，就像人类打哈欠那样。正是这种相互间的情绪感染，使得所有的寒鸦最终都能一起行动。因此，鸟群、兽群，甚至是鱼群的活动并不是专制的领袖决定的，而是由一种类似于民主投票的方式决定的。也是因为这个缘故，你会发现在某些情况下，一群寒鸦的行为看上去毫无章法。这种情绪的互动有时会延续相当长的一段时间，鸟群完全无法做出决定。要想做决定，就需要有意地压抑当前的各种冲动，专注于某一动机，但只有人类完全拥有这种能力，某些比较聪明的哺乳动物也在一定程度上具备这种能力。有时，一群寒鸦会意见不一，有的叫“咔”，有的叫“咔哇”，有时连续叫了半个小时还没有达成一致，让人类观察者很不耐烦。比如寒鸦飞到离家几公里外的一块地里，当它们填饱了肚子，其实马上可以飞回家，但对于寒鸦，“马上”是一种很宽泛的时间概念。最后，有几只鸟——往往是年纪比较大、反应比较快的寒鸦飞了起来，发出“咔哇”的叫声，于是整群鸟都跟着它们离开了地面。但是，刚刚飞到天上，问题就出现了：鸟群中显然还有一些鸟处于“咔”的情绪中。于是就发生了“咔”与“咔哇”的争辩，鸟群盘旋了一阵子，最后又落了下来，有时甚至是落在了离家更远的一块地里。如此反复十几次之后，“咔哇”的情绪逐渐在鸟群中占了上风，最终，这种情绪像雪崩一样蔓延到所有的鸟身上。

在维护鸟群团结方面，“咔哇”反应显然具有非常重要的作用。我刚刚讲过，这种反应挽救了我的鸟群。后来，这种反应又以另外一种完全不同的方式挽救了我的鸟群。这群鸟在我家安居了几年后，遭遇了一场劫难，至今仍然原因不明。

冬天是迁徙的季节，如果我的寒鸦仍然自由飞翔，难免会有几只跟着迁徙的鸟群飞走。为了避免这种损失，11月到第二年2月，我都会把寒鸦关在笼子里，花钱雇一位助手来照料它们，因为我当时住在维也纳。我在上文说过，我的助手很负责。可是有一天，所有的寒鸦都不见了！笼子的一处铁丝断了，破了一个洞，有可能是被风吹坏的。有两只寒鸦死了，其余的都消失了。也许貂钻进了笼子，但我一直没有搞清楚真正原因。让自己喂养的动物自由活动，就应该有忍受这种遭遇的心理准备。但这应该是我多年悉心照顾自己的动物中“最不幸的一次”。塞翁失马焉知非福，这倒让我观察到了原本没有机会看到的一些现象。好运是这样开始的：3天后，鸟群中的一只鸟突然又出现了。它是红金，前任鸟后。在阿尔腾贝格，是红金第一个孵化出了幼鸟并把幼鸟带大的。

这只孤独的寒鸦不再出去冒险，而是整天站在风标上唱歌！它几乎一刻不停地唱！所有的鸣禽（鸦类也属于鸣禽的一种）在孤独时，或者无法进行正常活动时，也就是说它们在“无聊”时，都会纵情放歌。因此，与自由生活的鸟相比，被单独关在笼子里的鸟唱得更多。本来鸟可以做一百零一件事情，但是现在它所有的精力只有一个发泄渠道，那就是唱歌。在自然界中，大多数小型鸣禽唱歌都是为了表明自己的领地范围，或者是为了邀请雌鸟。与婚姻幸福的雄鸟相比，没有找到伴侣的雄鸟唱得更响，唱得更久。自然界中雄鸟数量较多，所以很多雄鸟都会打光棍儿，但这并不会使雄鸟忧郁过度。动物保护协会认为，把夜莺或者金翅雀单独养在笼子里以倾听它们的歌声，是一种非常残忍的行为。但实际上这并不算特别残忍。著名诗人布莱克有句箴言："笼中养歌鸲，老天很生气"，但你大可不必太当真。一个失落的老处女牵着一只公哈巴狗，是更值得我们同情的场景。不过，独处的鸟儿一直唱歌，会让我烦躁起来。我养了一种雄性的红尾鸲，它不怎么唱歌，因为它和妻子住在同一个大笼子里。在我写这段文字时，它正对着心上人跳求爱的舞蹈，这给我带来了很多快乐，远远胜过歌声最美的孤独歌手。不过，和多愁善感的人所想象的一样，独处的雄性鸣禽并不会伤心，它的歌声也不是为了表达悲伤和欲望。如果鸣禽不开心，它的歌声会立即停下来。

但是孤独的雌鸟，红金，真的是很伤心。它精神上十分痛苦，我这么说并不是拟人化。动物往往遭受了精神上的痛苦，却什么也说不出来，但是，红金（其他的动物我还没见过）却用声音表达出了自己的悲伤，而且人类可以理解，至少懂"寒鸦语"的我可以理解。无论是雄性还是雌性寒鸦，歌都唱得很好，它们的歌曲包括无数的音符，有些是自创的，有些是模仿的。这么多音符交织在一起，尽管不是很优美，也是一首听着很舒服的朴实的歌。寒鸦并不会过多地模仿其他声音，它的模仿能力也远比不上乌鸦和渡鸦。但养在笼子里的寒鸦却能学会模仿人类的单词发音。寒鸦的歌声有一种有趣的现象，我们可以称之为“自我模仿”。寒鸦唱歌时，会时常重复寒鸦独有的那些叫声。我们在上文已经了解了寒鸦的各种鸣声，包括“咔”、“咔哇”、“叽咯”和“一噗”，还有保护同胞时的尖厉的“嘎嘎”声，都会在歌声中重现。据我了解，其他鸟类仅有一两次会在歌声中使用带有“含义”的声音，但是自由生活的寒鸦在唱歌时，会以这些鸣声作为歌曲主体。很独特的是，歌手在唱到某个鸣声时，还会做出相应的动作。在“嘎嘎”声时，它会身体前倾，抖动翅膀，就像是真的“嘎嘎”反应那样；在“叽咯”或“一噗”时，它也会采取相应的威胁姿态。换言之，它的行为就和人类一样，人在唱歌时会沉迷到歌曲中，歌词会唤起相应的感情和感受，并不由自主地做出相应的动作。在我耳中，寒鸦的“歌声”和真实的鸣声简直无法区分，当我听到“嘎嘎”的叫声时，就会担心有什么坏蛋叼走了我的寒鸦，于是就警觉地冲到窗前，却发现是一只高声唱歌的寒鸦愚弄了我，这种事情发生过很多次。但是其他寒鸦却没有和我一样上当受骗。我对这件事一直很好奇，因为在紧急情况下同类寒鸦“嘎嘎”声所引起的反应应该是盲目的、本能性的。对于理解寒鸦动作和声音的人，寒鸦的歌声，再配上极具表现力的姿势，十分令人沉醉。这些小黑鸟兴高采烈地重复着它们的歌曲，歌词讲述着寒鸦生活中令其激动的经历，这是多么让人愉悦的场景。

但孤独的红金所唱的歌真的令人心碎。令人难过的不是它唱歌的方式，而是它所歌唱的内容。它的整首歌都弥漫着它的所思所想，它用不同的节奏和声调一遍又一遍地重复“咔哇、咔哇、咔哇”的鸣声，既有最温柔的轻声，也有绝望的最强音，目的只有一个，那就是唤回自己失去的伙伴。在这首悲伤的曲子里，很少能听到其他音符。“归来吧，噢，归来吧！”它偶尔会中断自己的歌唱，飞到草地上去，仔细地搜寻绿金和其他寒鸦。这时，它会发出真正的“咔哇”声——与歌声存在着微妙的差异。随着时间的流逝，这种充满渴望的鸣声越来越少。它基本上会一直站在我家钟塔的风标上，用低沉的调子歌唱自己的哀伤。它在怀念失去的爱人绿金：

> 绿色和黄色的哀伤，
> 她耐心地坐在石碑上，
> 对着悲伤微笑。

红金就是这样挽救了我家的寒鸦群。目睹它的悲伤，听到它在屋顶上不停地哀叹，我决定重新在阿尔腾贝格的家里再养一群寒鸦。虽然我向来不会对动物过于怜悯，但那年春天我又养了一窝小寒鸦，就是为了抚慰红金。这窝小寒鸦一

共有4只，等到它们可以飞了，我就把它们放到了鸟笼里，让它们和红金住到一起。可是，天哪，我太心急了，而且还忙着做其他事情，我忘记了笼子上还有另外一个大洞没补好，4只小寒鸦还未和红金混熟，就全部逃走了。正如我前文所说的那样，4只小寒鸦一起飞，彼此徒劳地充当领袖，于是它们越飞越高，最后落在了离我家很远的一处山腰上的山毛榉树丛中。我够不到它们，我也没有训练过它们，它们不会听我的呼唤，我几乎绝望了，觉得再也见不到它们了。虽然红金可以对着它们发出“咔哇”的叫声让它们一起飞回来。但开始红金并不觉得这4只小鸟是鸟群的成员，因为它们也就和红金在一起待了半天多一点儿。事情似乎已经到了最糟糕的地步，突然间，我在绝望之中想出了一个很棒的主意：我钻进阁楼，然后又爬了出来，我胳膊下面夹着一面黄黑相间的大旗。在庆祝已故的皇帝弗朗西斯·约瑟夫一世诞辰时，这面旗帜就会在我父亲的屋顶飞扬。我站到了屋顶的最高点，紧挨着避雷针，开始疯狂地挥舞这面大旗。这似乎有些不合时宜。我的目的是什么？我想用这个“稻草人”惊吓红金，让它飞到天上去，这样树丛中的小寒鸦就会看见它，并开始鸣叫。我希望红金会用“咔哇”声相应，把这些走失的孩子带回家。红金飞到了空中，但是高度还不够，于是我一边像印第安人那样一个劲儿地叫唤，一边像疯子一样挥舞旗帜！村里的大街上慢慢聚起了一群人。我打算事后再向村民解释，于是继续边挥旗边叫唤。红金又往高处飞了几米，这时，山腰上的一只小寒鸦叫了起来。我不再挥旗了，气喘吁吁地抬着头，看着天上盘旋的老寒鸦。感谢埃及所有鸟头神的眷顾，老寒鸦开始更加努力地拍打翅膀，飞得越来越高，并朝着森林的方向飞去。“咔哇”，红金叫了起来，“咔哇”、“咔哇”——“回来吧，回来吧！”我麻利地把旗卷起来，立即穿过阁楼的活板门下去了。

10分钟后，在红金的陪伴下，4只逃走的小鸟都回家了。红金和我一样疲惫。但是，从那天起，红金就开始非常细心地照看这些小鸟，再也没让它们飞走。以这5只寒鸦为核心，我家的寒鸦队伍很快就壮大起来。它们的头领就是雌鸟——红金。它的年龄比其他寒鸦都大不少，这样一来，它比鸟群普通的君主更有“威信”。红金把整个鸟群团结在一起，它在这方面的能力超出了以往所有的统治者。它很忠实地照管着小寒鸦，像母亲一样呵护它们，因为它自己的孩子都不曾留下。

如果关于寒鸦红金的故事就此结束，那真是一个浪漫的结局：无私的寡妇守卫着鸟群的安宁……这样的结局似乎太平淡了。而事实上最终的结局更加美好，令人难以置信。寒鸦群经历大劫难后，又过了3年，那是早春一个晴朗却多风的上午。这种天气特别适合鸟类的迁徙，一群又一群的寒鸦和乌鸦从天空划过。突然间，有一枚无翼的鱼雷状物体离开了鸟群，加速向下俯冲。快要落到我家屋顶时，它轻轻一摇，稳稳地落在了风标上。原来是一只魁梧英俊的寒鸦，深蓝色的翅膀闪耀着光芒，阳光照在丝滑的颈毛上，白晃晃的。这时，鸟后红金，这群寒鸦中的王者主动屈服了。这只强悍的雌鸟突然间变得少女般扭捏，摇着尾巴，翅膀颤抖，像新娘一样羞涩。陌生的鸟来了才几个小时，两只鸟就亲密无间，一举一动好似老夫老妻。有趣的是，其他寒鸦也几乎没有对这只大雄鸟表示反对。现任的统治者已经承认它是君主，那么鸟群的其他成员也会认可它老大的地位。

我觉得这只大鸟可能是绿金，红金走失了的丈夫，但我没有确凿的科学证据。它腿上没有彩色的塑料环；红金腿上的彩环也早就不见了。但是这只新来的鸟肯定是我家之前那群寒鸦中的一员。证据是它很温顺，而且它很快就钻进了阁楼里。之前也有野鸟加入我家的寒鸦群，它们的行为方式有很大的差异。这只鸟肯定属于我家寒鸦中的第一批，而且是四五只“长老”（年龄最大的寒鸦）中的一只。我希望且相信这个老家伙就是绿金。后来，破镜重圆的这对寒鸦又养育了很多窝小寒鸦。今天，在阿尔腾贝格，寒鸦的数量比可以筑巢的洞穴还多。它们的窝占据了墙上的每一个洞，屋顶上的每一处烟囱。

上次战争之前，我父亲在其自传中写到了阿尔腾贝格的寒鸦：“成群的寒鸦绕着尖尖的屋顶飞翔，特别是傍晚之时，它们用刺耳的叫声相互交流。有时我觉得自己能明白它们在说什么：我们是长年的住户，不会舍弃自己的家，只要石头还挺立在那里为我们提供庇护，我们就要绕着家飞翔。”

长年的住户！可能就是因为这个特点，我们才非常喜爱寒鸦。在秋天，甚至在温和的冬日，寒鸦都会唱着春天的歌，它们会与暴风雨玩勇敢的游戏，此情此景都会触动我的心弦，就像是听到了鹪鹩（Wren）在晴朗而寒冷的日子里唱歌，就像是雪中的常青树。它们让我心中充满希望，让我保持坚强，正如圣诞树所代表的力量。

兆客早就不见了，我不知道它会遭遇怎样的命运。红金在年迈时被邻居不慎射杀。我发现它死在花园里。但是阿尔腾贝格的寒鸦群仍然十分兴旺。寒鸦绕着我们的房子飞，飞过兆客第一次发现的路线，使用兆客第一次用过的上升气流飞到高处。寒鸦们忠实地遵守第一批寒鸦留下的传统，多谢红金，这种传统才延续至今。

如果我能发现一条路，在几代人过后，仍有我的同类在行走，我就太幸运了。如果我穷尽一生的努力，能够发现一股小小的“上升气流”，可以协助其他科学家飞得更高，看得更远，我也会对命运表示无限感激。

第十二章 道德与武器

打斗中的狼不会咬断同伴的脖子，乌鸦也不会去啄同类的眼睛，如果动物在进化的过程中形成了能致同类于死地的武器，那么这种动物为了生存，就必须形成一种相应的社会禁忌，避免这种武器危及种族的生存。而人类创造了身体以外的武器，毫无节制地使用，我们是否也该拥有充分的禁忌？人类会不会有一天因为自己的发明而毁灭？

有力者耻于伤人，

有才者虚怀若谷。

——《十四行诗》，莎士比亚（Shakespeare）

这是3月初的一个周日清晨，空气中似乎已经有了复活节的气息。我和女儿正在维也纳的森林中散步，山坡上长满了高大的山毛榉树，没有哪片森林能与此地媲美。我们马上就要走进一处林间空地。前面不再有高大光滑的山毛榉树干，取而代之的是郁郁葱葱的角树（Hornbeam）。我们放慢了脚步，小心翼翼地往前走。前面再穿过一处灌木丛，就是开阔的草地。在这种情况下，所有野生动物，所有优秀的博物学家、猎人、动物学家都会这么做：仔细侦察前方，在暴露自身之前充分利用掩护的好处——猎手和猎物都知道，窥视别人而又不被发现。我和女儿也是这么做的。

事实再次证明，这种古老的策略颇有益处。我们真的看到了一只动物，他却没有发现我们的存在，因为风是从它的方向朝我们这边吹来：在空地中间，坐着一只又大又肥的野兔。它背对着我们蹲在那儿，两只耳朵竖着，形成了一个大大的字母“V”。它正密切地观察草地的另一侧。那边儿出现了一只同样大的兔子，朝着第一只兔子慢慢地跳过来。然后就是一次谨慎的会面，就像两只狗初次见面那样。双方相互打量了几眼，就开始了打斗。两只野兔开始绕着小圈相互追逐。这种令人头晕的转圈持续了很久。突然间，它们一直强压的怒火爆发了，一场真正的战争开始了。战争往往就爆发在这种时刻，敌对双方长期相互威胁，每一方都觉得对方不会采取断然行动。两只野兔面对面，都用两条后腿站起来，站得笔直，并用前爪愤怒地袭击对方。最后，它们相互扑打，一边尖叫，一边做出闪电般的连击，速度如此之快，如果没有慢镜头摄像机，你根本就看不清楚到底是怎么回事。过了一会儿，它们打累了，又开始绕圈。这次绕圈的速度更快，之后又是一场恶战。两只野兔沉迷于战事，完全没有注意到我和小女儿的脚步声，我们正蹑手蹑脚地走过去。任何正常的兔子都能在很远的地方听到我们的脚步声，但现在是3

月，3月的兔子都是疯子。这场拳击比赛太搞笑了，连我女儿都忍不住咯咯笑起来，要知道她打小就接受我的严格教育，知道在观察动物时必须保持安静。两只兔子听到这么大的笑声，闪电般消失在不同的方向，草地一下子空了。战场上空还飘着一团兔毛，就像蓟花冠毛一般轻盈。

这是一场赤手空拳的决斗，两只温顺动物间的愤怒对决，看上去不仅有趣，也让人感动。但是野兔真的很温顺吗？它们真的要比猛兽心软吗？如果你在公园里看到两只狮子、两只狼、两只鹰在打架，估计你不会笑。不过，与无害的兔子相比，这些君王般的猛兽打起来并不会更凶狠。多数人都习惯于用不恰当的道德标准衡量食肉动物和食草动物。在童话中，所有动物甚至被描绘成一个大家庭，似乎所有动物都属于一个种类。因此，在普通人眼里，一只动物杀死其他动物，性质就和人杀人一样。而实际上狐狸杀死一只兔子，和猎人杀死兔子差不多，都是为了生计。但人们不会把狐狸看作正常的猎人，而是把它等同于邪恶的猎场看守人，觉得狐狸吃兔子就像猎场看守人杀死农民并烹而食之。“邪恶”的猛兽于是被认为是谋杀者，其实狐狸猎杀小动物是正当的，而且绝对是生存的必要条件，但是没有人把猎人的“猎囊”看作是他行凶的赃物。据我所知，尽管他个人遭受过最严厉的道德谴责，但只有奥斯卡·王尔德在作品中斥责过猎狐是“不足道的人在追逐没法吃的猎物”！其实，在对待自己的同类时，猛兽、猛禽要比很多“无害”的素食动物更克制。

与两只兔子之间的战斗相比，似乎斑鸠或斑尾林鸽（Ring Dove）间的战斗会更温柔。脆弱的鸟喙啄起来是那么的温柔，翅膀的拍打也很轻，在外行人看来，这不像是打架，而是在爱抚。不久前，我打算让灰色的非洲斑尾林鸽与当地更弱小的斑鸠交配，培育杂交品种。为了实现这个目的，我把一只温顺、家养的雄性斑鸠和一只雌性斑尾林鸽关在了一个大笼子里。一开始，它们之间有些小摩擦，但我没有放在心上。这两种鸟都是爱与美德的典范，它们怎么可能互相伤害？我让它们待在一个笼子里，就去维也纳了。第二天，等我回到家时，却看到了可怕的一幕。斑鸠躺在笼子里，它头部、颈部和整个背上的羽毛全被拔光了，而且皮肤上的伤口连成了一片，不停地滴血。在它血淋淋的身上，站着另外一只“和平使者”，如鹰般抓着捕获的猎物。斑尾林鸽脸上一副做梦般的表情，这是敏感的观察者很喜欢的样子，可是这只极富魅力的雌鸟却在用自己的银喙无情地啄击落败的雄鸟。雄鸟用尽身上最后一丝气力，侥幸逃脱。可雌鸟再次落在了它身上，翅膀轻轻一拍，将雄鸟打倒在地，继续无情而缓慢地啄击雄鸟。如果没有我介入，雌鸟肯定会把雄鸟折磨死，即便雌鸟已经累得连眼睛都睁不开了。把同类折磨成这个样子，类似的事情我只在脊椎动物上见过两次：一次，我在观察慈鲷之间的激烈战斗时，发现双方有时会把对手弄得体无完肤；另外一次，是我在刚刚过去的那场战争中担任军医时经历的，在战场上，最高级的脊椎动物大规模屠杀自己的同类。我们还是接着讨论“无害”的素食动物吧。我们曾在林中空地看见两只野兔打架，如果这场战斗发生在笼子里，落败者无处可逃，那么最终结果肯定和两只鸽子间的斗争一样血腥。

如果温柔的鸽子和兔子都能给同类造成如此严重的伤害，那么猛兽之间又该发生怎样的惨剧呢？要知道，大自然赋予了猛兽最强大的武器，使它们能够杀死猎物。普通人肯定会觉得后果不堪设想。但出色的博物学家不会轻信表面上看似合理的推断，他要通过观察来证实这一点。我们仔细观察一下狼吧。狼是残忍、贪婪的象征。狼在和同类打交道时，会有怎样的表现？惠普斯耐德（Whipsnade）动物园是野生动物的天堂，生活着一群灰狼（Timber Wolf）。松木栅栏围住了一大片区域，狼就生活在这种近似天然条件的环境里。隔着栅栏，我们可以观察它们的日常生活。我们最初感到好奇的问题是，那些毛茸茸的小狼崽，爪子肥肥的，又那么喜欢做危险动作，怎么能完好地长到这么大呢？一只小家伙想要一个劲儿地猛跑，却撞见了它不曾预料的情况：它重重地撞在了一只恶狠狠的老狼身上。奇怪的是，老狼好像没感觉，叫都没叫一声。不过这时，我们听到了战斗的怒吼！声音很低沉，但是比狗打架时的叫声更凶恶。我们光顾着看小狼了，没注意到两只成年狼马上就要开始大战了。

这场打斗中，一方是身材魁梧的老狼，另一方是只年幼体虚的狼，它们来回绕着圈，展示它们娴熟的“步法”。与此同时，它们露出闪光的尖牙，你咬我一下，我咬你一下，动作之快，目不暇接。到这时，双方都还没有动真格。一只狼的嘴碰到了另一只狼的牙，后者警觉地躲开了攻击。只有嘴唇上受了一两处轻伤。年轻的狼逐渐被逼退。我们慢慢看明白了，老狼有意要把年轻的狼逼到栅栏边。我们屏住呼吸，等着看后者被逼到墙边时会发生什么。它碰到了铁丝网，跌了一跤……老狼扑在了它身上。这时，难以置信的事情发生了，与观众的期待恰恰相反。扭打在一起的灰色身躯突然停了下来。它们肩并肩站着，都强硬地挤着对方，脸朝着同一方向。两只狼都在怒吼，老狼的声音低沉，年轻狼的声调更高些，显示后者在坚强的表面下，其实有些胆怯。再仔细观察一下双方的位置，老狼把嘴紧紧地贴向年轻狼的脖子，后者把头扭开，把弯曲的颈部毫无防备地呈现在敌人面前，那可是它全身最脆弱的地方！年轻狼颈部肌肉绷紧，颈静脉就在皮肤下面，而敌人露出的白牙只有仅仅2厘米距离。在战斗最激烈的时候，狼只会把自己的牙齿对着敌人，因为那是狼身上最坚硬的部位，可是现在，落败的狼有意把自己身体最脆弱的部分对准了敌人，只要敌人咬上一口，就足以致命。表象往往有些欺骗性，但让人惊讶的是，目前的状况是真实的！

街头野狗打架时，你也能看到类似的景象。我先拿狼做例子，是因为大家对狗太熟悉了，用狼作例子能给人留下更深刻的印象。两只成年的公狗在街上碰面了。它们蹬直了4条腿，竖起尾巴，身上的毛也乍开了，向对手走去。它们走得越近，腿就越直、尾巴越高、毛越蓬松，它们走得越来越慢。与斗鸡不同，它们相遇时并不是头对头，面对面，而是好像要擦肩而过，但是在躯干对着躯干、一方的头对准另一方的尾巴时，它们停下了，距离很近。之后，按照传统，它们会相互去嗅对方的臀部。这时，如果其中一只害怕了，它就会把尾巴夹在后腿之间，并轻快地一扭身，旋转180度，不再让对方嗅它的臀部。如果两只狗都保持自我展示的姿态，尾巴竖的笔挺，那么这个嗅臀的过程可能会僵持下去。这场对峙仍然有可能以友好的方式结束，其中一只狗可能会稍稍摇动自己的尾巴，另外一只狗也开始摇动，它们摇尾巴的节奏越来越快，然后这种剑拔弩张的场面就变成了开心的嬉戏玩闹。如果不是这种结局，形势就会越来越紧张，狗开始皱鼻子。嘴唇也卷起来，露出尖牙，一副凶残的样子。然后它们开始用愤怒地后爪挠地，胸部传出低沉的怒吼。下一秒钟，它们已经大声尖叫着扭打成一团。

我们接着来说狼。刚才我们说到两只狼处于紧张的状态。这并不是我缺乏写作技巧，而是因为这种紧张的气氛会持续很久。在观察者看来，也就几分钟的时间，可是对于落败的狼，它可能会觉得是几个小时。每一秒钟，你都觉得暴力要发生，你屏气凝神，等着胜者的牙齿穿透败者的颈静脉。但你的担心是多余的，因为这种事情不会发生。在这种情况下，胜者肯定不会去咬败者。你能看出来，它很想这么做，但它不能这么做！如果一只狗或狼把自己的脖子交给了对手，就肯定不会被真的咬到。攻击者只会一个劲儿怒吼，朝着空气咬一口，甚至会像咬住了什么东西似的，凭空猛摇，像要把假想中的猎物晃死。因为战斗结束得如此突然，有时胜者跨在败者身上，姿势很难受。胜者就这么僵在那里，嘴对着败者的脖子，很快就累了。胜者知道自己不能咬下去，一会儿也就撤退了。这时，落败的狗可能急于躲开胜者。但败者肯定躲不开，因为只有落败方保持谦卑的态度时，这种胜者不得下口的奇怪禁忌才有效，一旦败者放弃了顺从的姿态，胜者就会像闪电一样重新攻击对方，而败者必须再次恢复屈从的姿势。似乎胜者在施欲擒故纵之计，就等着败者放弃顺从的态度，这样胜者就可以再蹂躏败者一次，好发泄自己不能下嘴的欲望。不过，胜者在战斗结束后，会急切地在战场上留下自己的印记，把这片区域划为自己的领土——也就是说，它必须把腿跷到最近的杆子或墙上，方便一下。这对落败的狗可是件好事，就在胜者举行宣示主权的仪式时，败者赶紧溜之大吉。

尽管这些现象很常见，但我们却触及到日常生活中一个经常碰到的现实问题，那就是社会禁忌。社会禁忌有多种呈现方式，在生活中随处可见，所以我们有些习以为常了，并不会深究这些问题。德语中有句古老的谚语：一只乌鸦不会啄另一只乌鸦的眼睛。这句谚语还真没错。一只驯化的乌鸦或渡鸦也不会啄你的眼睛，正如它不会啄同类的眼睛。我养的渡鸦罗亚经常站在我的胳膊上，我就有意把自己的脸贴到渡鸦面前，紧挨着渡鸦恶狠狠的弯喙。这时，渡鸦的举动很感人。它紧张兮兮地把喙从我眼前移开，就像父亲在刮胡子，而小女儿把手指伸了过来，想试试剃须刀的锋刃，父亲会赶快把剃须刀拿开。只有罗亚替我整理面部的须发时，它的喙才靠近过我的眼睛。很多比较高等的社会性鸟类和哺乳动物，特别是猴子，会帮同伴梳理他自己够不到的部位。在鸟类中，头部和眼睛周围的羽毛最需要同伴帮忙。在讲寒鸦时，我已经描述了这些鸟怎么邀请同伴给自己梳理头部的羽毛。我半闭着眼睛，把头斜对着罗亚，就像乌鸦一样，尽管我头上没有蓬松的羽毛，它也明白了我的动作，立即开始梳理我的头发。它从来不会夹到我的头皮，因为鸟的表皮很薄，经不起这样一夹。它精确地用喙梳理每一根头发，只要它能够着。它的专注程度和“捉跳蚤”的猴子、做手术的医生差不多，这并不是笑话。猴子在相互梳理时，特别是类人猿，它们并不是想捉寄生虫，因为它们身上一般没有寄生虫，这么做也不仅限于清理皮肤，还能做些更复杂的事，比如拔刺，甚至是挤小脓包。

看起来很危险的鸦喙在眼边活动，显然并不安全，在罗亚帮我梳理睫毛时，旁观的人也总是提醒我。“还是小心一点好，毕竟渡鸦就是渡鸦。”他们会说诸如此类的话。我就诡辩说，说不定提醒我的人比渡鸦还危险呢。经常有疯子非常狡猾地掩盖自己不正常的状态，然后突然开枪把人打死。有可能（虽然是可能性比较小）善良的提醒者已经犯上了这种病。一只健康的成年渡鸦不会突然间放弃禁忌，去啄人的眼睛，这种事情比好朋友攻击我的概率还要低。

为什么狗不可以咬同类的脖子？为什么渡鸦不能啄朋友的眼睛？为什么斑尾林鸽身上没有预防犯罪的这种禁忌？要全面回答这些问题几乎是不可能的。那需要从历史的角度分析，解释进化过程中是如何出现了这种禁忌。有一点没有疑问，随着猛兽慢慢进化出危险的武器，这些禁忌也逐渐形成了。为什么所有具备武器的动物都要有禁忌呢？答案很简单。渡鸦会啄任何活动、闪光的物体，如果渡鸦毫无顾忌地去啄伙伴、妻子或者孩子的眼睛，那么到今天世界上就不会再有渡鸦了。如果狗或狼不管不顾地去咬同伙的脖子，并真的把同伙咬死，这个物种肯定就会在短期内灭绝。

斑尾林鸽并不需要这种禁忌，因为它无法造成严重的伤害，而且这种鸟有很强的飞行能力，哪怕是遇到了装备强大武器的敌人，它也能逃脱。只有在非自然条件下，比如关在笼子里时，落败的鸽子无处可逃，而胜者又没有什么禁忌，才会伤害甚至折磨自己的同类。还有很多“无害”的食草动物，一旦关到了狭小的空间，就变得肆无忌惮。最令人厌恶、最无情、最血腥的杀手是据说生性最温柔、仅次于鸽子的一种动物——狍。据我所知，狍是最凶险的动物，而且还长着角这种凶器。狍“消费得起”这种无约束的能力，因为即便最虚弱的雌狍，也能逃脱最强壮公狍的攻击。只有在大型的牧场里，才能把公狍和雌狍养在一起。在小地方，公狍迟早要把自己的同类，包括雌狍和孩子们，逼到角落里顶死。唯一能够防止谋杀的保险，就是雄狍的攻击要很长时间才能致死。它并不会像公羊那样低着头冲向敌人，它会缓慢地靠近，小心地用角触碰对手的角。只有当两者的角纠结在一起时，公狍感觉到了有力的抵抗，它才会用力去顶。据纽约动物园前园长W·T·何纳德统计，与人工喂养的狮子和老虎相比，驯养的鹿每年造成的严重伤害事故更多，主要是毫无经验的人看到公鹿在慢慢靠近时，并不知道公鹿打算发起攻击，甚至公鹿的角已经离得很近了都不知道。突然间，公鹿开始用锋利的武器一遍又一遍用力地刺你。如果你有时间抓住它的角，那算你幸运。这时摔跤比赛开始了，你大汗淋漓，手上滴着血，即便你非常强壮，也很难制服公狍，除非你跑到了它的侧面，把它的脖子向后扳。当然，你会羞于呼救——直到鹿角的尖刺进了你的身体！所以你一定要听我的建议，如果一只迷人、温顺的公狍活泼地走了过来，昂首阔步，优雅地晃动着自己的角，你就赶紧打它，用手杖、石头或者拳头，要用尽全力去打它鼻子的侧面，不要等到它用角顶住你。

现在，公正的评判一下，谁是真正的“好”动物呢？是我的朋友罗亚吗？因为它有禁忌，我可以把眼睛凑到它嘴边。还是温柔的斑尾林鸽呢？它不惜体力，几乎把公鸟折磨致死。谁是“坏”动物呢？是公狍吗？如果雌狍或者幼狍无法逃脱，公狍会把它们的肚皮挑破。还是狼呢？如果敌人请求宽恕，狼即使怀恨在心也不能下口。

现在我们再讨论讨论另外一个问题。社会性的鸟兽摆出屈从的姿势，到底是什么含义呢？为什么进攻者见状就会自我约束起来？我讲过了，狼与狼之间酣战时，双方都会竭力保护身体上最脆弱的部位，可是落败之后，弱者会主动把这个部位呈现给胜者，实际上方便了胜者杀死它。根据我们现有的了解，社会性动物在表达顺从态度时，都使用同样的原则：乞怜者总是把身体最脆弱的部位呈现给敌人，更准确地说，是暴露致命性部分。对于大多数鸟类，这个部位是脑壳的底部。如果一只寒鸦想显示他对另一只寒鸦的顺从，它就会蹲在地上，把头扭向一侧，同时用力地伸喙，让颈部的背面鼓起来，并向强者倾斜，似乎在邀请它对着这个要害啄一口。海鸥（Seagull）和苍鹭也会把头顶伸向强者，脖子水平前伸，贴着地面，屈从者摆出这种姿势时，就毫无抵抗能力了。

在很多鸡形目的鸟类中，如果雄鸟之间发生争斗，结局一般是其中一只被掀翻在地，按在那里，身上的羽毛被拔掉，就像斑尾林鸽那样。只有一种鸟会宽恕败者，那就是火鸡。只有在弱者摆出一种无法继续发起攻击的屈从姿势后，胜者才会开恩。雄性火鸡经常进行疯狂的摔跤比赛，如果有一只服输了，它就蹲在地上，伸长脖子贴在地面。而胜者的行为和狼很像，它显然想去啄、踢落败的敌人，但却不能这么做。它一圈又一圈地绕着落败的敌手，气势汹汹的，还试探性地去啄对方，但并不会真正碰到对方。

这种反应尽管有利于火鸡种族的生存，却也可能酿成悲剧。比如火鸡和孔雀打起来时，对于圈养的火鸡和孔雀，这种事情发生的概率并不低，因为两种鸟都喜欢炫耀自己的“男子汉气概”，它们的血缘关系也很近，会相互欣赏。虽然火鸡体形、力气更大，但它常常落败，因为孔雀更擅长飞行，掌握不同的打斗技巧。当棕红色的美洲火鸡鼓起肌肉，准备开始摔跤时，蓝色的东印度孔雀已经飞到了它身上，用尖嘴开始啄它。火鸡肯定会觉得这么做违反了交战规则，很不公平。虽然它仍然浑身是劲儿，却像海绵一样瘫软下来，就像上文所说的那样。这时，可怕的事情发生了：孔雀不“明白”火鸡这种屈从的姿势，也就是说，这种姿势并不会抑制孔雀的战斗激情。孔雀会对着无助的火鸡又啄又踢。如果没有人来救火鸡，它肯定就完蛋了，因为火鸡遭受的打击越多，他的生理机制上的顺从心理就会越强烈，抑制了本能的逃生反应。火鸡不会想到、也无法想到要跳起来逃走。

不同的鸟类形成了不同的“符号机制”，来引发这种社会禁忌，这充分说明这些顺从性姿势是与生俱来的动作，是经过漫长的进化历程才形成的。比如小秧鸡（Water Rail）在头后面有一颗红痣，当小秧鸡把这颗红痣呈现给更强壮的老秧鸡时，这颗痣就会变得更红。至于高等动物和人类中这种社会禁忌是否也同样是机械反应式的，我们现在还不需要考虑。是什么原因阻止了强者伤害屈从者？或许是纯粹的机械性的条件反射，或许是高度抽象的道德标准，不管哪种，在现实中都无关紧要。屈从者和强者的行为本质是一样的：弱者突然失去反抗的意志，放弃了抵抗杀手的一切手段，似乎正是弱者放弃抵抗手段，使得进攻者的中枢神经系统中产生了无法超越的阻碍。

人类乞求宽恕的本质是什么呢？和我们刚才描述的过程有何不同？在荷马史诗中，如果一位武士打算屈服，乞求宽恕，他就会摘下头盔，丢掉盾牌，单膝跪地，并低下头，这一系列行为会让敌人更容易杀死他。可是，实际上这么做会阻止强者杀死他。在莎士比亚笔下，内斯特（Nestor）[①]说到了赫克托（Hector）[②]：

> 你将利剑停止空中，
> 不让它落在已经落败的人身上。

---

① 内斯特是特洛伊战争中希腊的贤明长老。——译者注

② 赫克托是特洛伊战争中特洛伊的王子，一位勇士。——译者注

时至今日，我们的一些礼貌姿势中仍然保留了这些顺从的符号：鞠躬、脱帽、军礼中的献枪。如果古代史诗记载属实，那么，乞求宽恕并不一定会在对方内心引发无法逾越的“障碍”。荷马笔下的英雄并不像惠普斯耐德动物园的狼那样心软！诗人举了很多例子，强者杀死了求饶者，有些强者会内疚，有些根本不会。北欧英雄传说中，也有很多求饶姿势不奏效的例子。一直到了骑士时代，人们才觉得杀死求饶者是不恰当的。基督教骑士的行为出于传统和宗教道德，而狼则发自自然冲动和禁忌。这是多么自相矛盾的事情。

当然，动物这种天生的、本能的、固定的防止动物用武器滥杀自己的同类的禁忌，只是人类道德的一个类比，顶多算是人类道德的先兆、系谱学方面的先驱。在拿道德标准评判动物行为时，比较行为学的研究者最好谨慎些。不过，我得承认，我自己也感情用事：一只狼竟然不会咬对手送上门的脖子，而对手竟然相信胜者会如此克制，我觉得这种行为太崇高了。人类应该向它们学习，尽管但丁说它们是“La Bestia Senza Pace”（不懂和平的野兽）。至少我在了解了这种禁忌之后，对《圣经》中的一句话有了新的深刻理解，此前我一直反对这句：“如果有人打你右脸，就把你的左脸也给他。”（《路加福音》第6章第26节）。狼给了我启示：

你把左脸转给敌人，并不是为了让他再打你一次，而是为了使他无法再打你。

在进化的过程中，如果动物形成了能致同类于死地的武器，那么这种动物为了生存，就必须形成一种相应的社会禁忌，避免这种武器危及种族的生存。少数猛兽过着非常孤独的生活，它们不需要这种克制。它们只会在交配季节聚到一起，这时性冲动超出了其他所有欲望，包括攻击的欲望。北极熊和美洲虎（Jaguar）就是这样的非社会性动物。因为没有社会禁忌，这些动物如果被关在动物园里，经常会发生同类相残的事情。天生的冲动和禁忌构成了一个系统，再加上自然提供给社会性物种的武器，形成了一个精心设计、自我管理的复合体。所有的生物都通过进化获得了自己的武器，进化的过程也塑造了它们的冲动与禁忌，动物的身体结构和行为系统有机结合，形成了一个整体。

如果这就是自然的精心安排，
人的所作所为岂不令我哀伤。

华兹华斯是正确的：只有一种生物，也拥有身体以外的，出自自身工作计划的武器，因此他的本能也就不了解武器的运行机制，在应用武器时也就没有充分的禁忌，这种动物就是人类。人类毫无节制地研发武器，在几十年间，这些武器就已经相当恐怖，数量惊人。可是天生的冲动和禁忌，就像身体结构，需要很长时间才能形成，这时间是按照地质学家和天文学家的方式来计算，是历史学家难以想象的。我们并未从自然界得到武器，我们根据自己的意愿制造武器。未来哪件事情会更容易呢？是研发武器，还是培养与之同步的责任感？如果没有这些禁忌，我们人类肯定会因为自己的发明创造而毁灭。我们必须有意识地建立这些禁忌，因为我们不能依赖本能。14年前的1935年11月，我的一篇文章《动物的道德与武器》刊登在维也纳的一本期刊上，结尾我写道："总有一天，两个交战的集团会发现，他们都有可能将对方完全消灭。当整个人类分为敌对的两个阵营时，这一天可能会来临。我们应该像鸽子那样，还是向狼学习？人类的命运将取决于这个问题的答案。"真是值得令我们深思再三。

图书在版编目（CIP）数据

所罗门王的指环 /（奥）洛伦茨著；刘志良译．
-- 北京：中信出版社，2012.11（2025.9 重印）
书名原文：Er redete mit dem Vieh, den Vogeln und den Fischen
ISBN 978-7-5086-3618-4

Ⅰ.①所… Ⅱ.①洛…②刘… Ⅲ.①动物－普及读物 Ⅳ.①Q95–49

中国版本图书馆CIP数据核字（2012）第242845号

Er redete mit dem Vieh, den Vogeln und den Fischen
Author: Konrad Lorenz
Title: Er redete mit dem Vieh, den Vogeln und den Fischen
First published by Verlag Dr. Borotha Schoeler, Vienna 1949

所罗门王的指环

著　　者：[奥]康拉德・洛伦茨
译　　者：刘志良
出版发行：中信出版集团股份有限公司
（北京市朝阳区东三环北路 27 号嘉铭中心　邮编　100020）
承 印 者：北京通州皇家印刷厂

开　　本：787mm×1092mm　1/32　　印　　张：8　　字　　数：100 千字
版　　次：2012 年 11 月第 1 版　　印　　次：2025 年 9月第 60 次印刷
京权图字：01–2009–7042
书　　号：ISBN 978–7–5086–3618–4
定　　价：35.00 元